国家科学思想库

科学文化系列

# 科学与中国
## 院士专家巡讲团报告集

## 第十二辑

白春礼/主编

科学出版社

北京

**图书在版编目(CIP)数据**

科学与中国：院士专家巡讲团报告集. 第十二辑 / 白春礼主编.
—北京：科学出版社，2019.7
   ISBN 978-7-03-056643-0

  Ⅰ. ①科… Ⅱ. ①白… Ⅲ. ①科学技术—概况—中国—文集
Ⅳ. ①N12-53

中国版本图书馆 CIP 数据核字（2018）第038081号

责任编辑：朱萍萍　田慧莹 / 责任校对：贾伟娟
责任印制：吴兆东 / 封面设计：无极书装
编辑部电话：010-64035853
E-mail: houjunlin@mail. sciencep.com

科 学 出 版 社 出版
北京东黄城根北街 16 号
邮政编码：100717
http://www.sciencep.com

北京厚诚则铭印刷科技有限公司印刷
科学出版社发行　各地新华书店经销
\*
2019 年 7 月第 一 版　开本：720×1000　1/16
2024 年 9 月第三次印刷　印张：10 3/4　插页：2
字数：200 000
**定价：58.00元**
（如有印装质量问题，我社负责调换）

# 编　委　会

**主　编**　白春礼

**委　员**　（以姓氏笔画为序）

石　兵　　石耀霖　　叶培建　　朱　荻　　朱邦芬

齐绍军　　安耀辉　　李　灿　　李　勇　　李　婷

杨玉良　　吴一戎　　何积丰　　汪克强　　张　杰

张启发　　陈小明　　武向平　　金之钧　　周忠和

南策文　　侯凡凡　　钱　岩　　郭光灿　　康　乐

雷朝滋

**秘书处**　谢光锋　　陈　光　　袁牧红　　席　亮

# 序　言

十年前，由中国科学院牵头策划，并联合中共中央宣传部、教育部、科学技术部、中国工程院和中国科学技术协会共同主办的"科学与中国"院士专家巡讲活动拉开了帷幕。这项活动历经十载，作为我国的一项高端科普品牌活动，得到了广大院士和专家的积极响应，以及社会公众的广泛支持和热烈欢迎。十年来，巡讲团举办科普报告 800 余场，涉及科技发展历史回顾、科技前沿热点探讨、科学伦理道德建设、科技促进经济发展、科技推动社会进步等五个方面，取得了良好的社会反响，在弘扬科学精神、普及科学知识、传播科学思想、倡导科学方法等方面做出了突出贡献。

"科学与中国"院士专家巡讲团由一大批著名科学家组成，阵容强大，演讲内容除涉及自然科学领域外，还触及科学与经济、社会发展等人文领域，重点针对"气候与环境"、"战略性新兴产业"、"科学伦理道德"、"振兴老工业基地"、"疾病传染与保健"等社会关注的焦点问题和世界科技热点，精心安排全国各地的主题巡讲活动。同时，活动还结合学部咨询研究和地方科技服务等工作开展调查研究，扩大巡讲实效。近年来，该巡讲团针对不同人群的需要，创新开展活动的组织形式，分别在科技馆和党校开辟了面向社会公众和公务员的"科学讲坛"这一科普阵地，举办了资深院士与中小学生"面对面"对话交流活动。这些活动的实施在激励青少年学生成长成才和献身科学事业、培养广大领导干部科学思维与科学决策、引导社会公众全面正确认识科学技术等方面都起到了积极作用。如今，"科学与中国"院士专家巡讲活动已经成为我国高层次的科学文化传播活动，是科学家与公众的交流桥梁，是科学真谛与求知欲望紧密接触的纽带，是传播科学的火种。

科技创新，关键在人才，基础在教育。进入 21 世纪以来，世界科技发展势头更加迅猛，不断孕育出新的重大突破，为人类社会的发展勾勒出新的前景，世界政治、经济和安全格局正在发生重大变化。随着人类文明在全球化、信息化方面的进一步发展，国家间综合国力的竞争聚焦于科技创新和科技制高点的竞争，竞争的重点在人才，基础在教育。习近平总书记在 2014 年两院院士大会上指出，"我国要在科技创新方面走在世界前列，必须在创新实践中发现人才、在创新活动中培育人才、在创新事业中凝聚人才，必须大力培养造就规模宏大、结构合理、素质优良的创新型科技人才"。是否能源源不断地培养出大批高素质拔尖创新人才，直接关系到我国科技事业的前途和国家、民族的命运。由于历史的原因，作为一个人口大国，我国公众整体科学素养水平相对较低，此外，由于经济、社会发展不均衡，公众科学素养存在很大的城乡差别、地区差别、职业差别。所以，我国的科普工作作为公众科学教育的重要环节，面临着更加复杂的环境。中国科学院应当充分发挥自身的资源优势，动员和组织广大院士和科技专家以多种形式宣传科技知识，传播科学理念，积极开展科普活动，把传播知识放在与转移技术同样重要的位置，为培育高素质创新人才创造良好的环境条件并做出应有的贡献。

中国科学院学部联合社会力量共同开展高端科普工作的积极意义，不仅在于让公众了解自然科学知识，更在于提高公众对前沿科技的把握，特别是加深其对科学研究本身的思想、方法、精神、价值、准则的理解，这是对大中小学课程和社会公众再教育的重要补充。只有让公众理解科学，才能聚集宏大的人才队伍投身于科技创新事业，才能迸发持续不断的创新源泉和创新成果。

《科学与中国：院士专家巡讲团报告集》第一轮的出版工作始于2005 年，共出版了七辑，经五年工作的积累，第二轮出版工作已启动。我们向社会公开出版院士专家的演讲报告文集，希望读者能够通过仔细阅读，深度体会科学家们的科学思想和科学方法，感受质疑、批判等科学精神和科学态度，理解科技的道德和伦理准则，把握先进文化和人类文明的发展方向，并在实际工作和社会生活中切实加以体会和运用。这也是中国科学院学部科学引导公众、支撑国家科学发展的职责之所在。

是为序。

2014 年春

# 目 录

# 对世界科技创新新态势的若干思考 ①

## 白春礼

满族，1953年9月生，辽宁人。博士，化学家和纳米科技专家，研究领域包括有机分子晶体结构、EXFAS、分子纳米结构、扫描隧道显微镜。

现任中国科学院院长、党组书记、学部主席团执行主席，发展中国家科学院院长，中国科学技术大学和中国科学院大学名誉校长。1996年任中国科学院副院长、党组成员；2004年任常务副院长、党组副书记（正部长级）。中共十五届、十六届、十七届中央委员会候补委员，十八届、十九届中央委员会委员。第十三届全国人民代表大会常务委员会委员、全国人民代表大会民族委员会主任委员。

中国科学院、发展中国家科学院、美国国家科学院、美国艺术与科学院、英国皇家学会、欧洲科学院、俄罗斯科学院等20余个国家和地区科学院或工程院院士。兼任中国微纳协会名誉理事长、国家纳米科技指导协调委员会首席科学家。国务院学位委员会副主任委员、国家科技奖励委员会副主任委员、中央教育工作领导小组成员、国家科技领导小组成员。担任《国家科学评论》和 *Nanoscale* 主编。

---

① 本文是白春礼院士应邀在有关单位所做的《科技发展战略报告》基础上节选整理而成的。

Bai Chunli

白春礼

当前世界科技发展的态势迅猛，新一轮科技革命和产业变革蓄势待发，既给我国带来了重大的发展机遇，也带来了严峻的挑战。在当前全球政治经济的大变局下，科技创新已经上升到国家政治和战略层面，成为相互合作、相互制约的一个关键手段，也加速推动了全球创新新格局的形成和发展。故此，世界各国及智库都高度关注未来科技发展的新态势以及可能带来的变化和影响。包括欧盟、联合国教科文组织（UNESCO）、麻省理工学院（MIT）、兰德公司、麦肯锡公司等在内的很多国际科技组织、政府科研机构、智库，都对未来科技的重点方向和重大突破进行了预测和分析。总体上看，未来世界科技发展主要呈现以下几方面的特征。

**一、基础研究更加突出重大科学问题导向，多学科交叉和大科学研究的优势进一步凸显**

随着各学科领域的不断发展，多学科交叉融合进一步深化，科研仪器装备技术不断进步，信息技术广泛应用，使得一些重大科学问题，如暗物质暗能量、微观物质结构、生命起源与演化、意识的本质等，突破的前景越来越清晰，大科学装置在这些重大科学问题的突破上发挥了越来越重要的作用，也吸引了众多高水平科研团队合作攻关。21世纪物理学的三个重大突破——中微子震荡（1998年）、希格斯玻色子（2012年）、引力波（2016年），都是依托大科学装置实现的，后两项成果在发现后第二年就获得了诺贝尔物理学奖。

比如全世界都关注的引力波，爱因斯坦在100年前就预言了，但他认为引力波太微弱了，难以探测到，在任何情况下都基本可以忽略。20世纪七八十年代，科学家开始了引力波探测。经过多年的努力，2015 年 9 月 14 日，科学家利用激光干涉引力波天文台（LIGO）首次直接探测到引力波，宣告了引力波时代的到来。莱纳·魏斯、基普·索恩和巴里·巴里什因此获得了 2017 年的诺贝尔物理学奖。2016 年 2 月 22 日，习近平总书记做出重要批示，要求研究其战略价值，支持引导好相关研究，加强该领域的国际合作，努力抢占科技制高点。

再比如希格斯玻色子。希格斯早在 1964 年就预言了希格斯玻色子的存在。欧洲核子研究中心组织了一大批科学家建设、改进和升级大型对撞机设备，持续不断地进行研究。经过多年努力，研究人员终于在 2012 年发现了希格斯玻色子，并因此获得了 2013 年诺贝尔物理学奖。在重大基础设施建设方面，中国科学院承担了散裂中子源、硬 X 射线自由电子激光装置、综合极端条件实验装置等，将为我国基础研究和关键核心技术突破提供非常有力的技术手段。

在微观物质结构方面，科学家对粒子标准模型的研究不断深入和发展，能够对单粒子和量子态进行调控，开始从"观测时代"走向"调控时代"。在这方面，中国科学院的科研团队在费米子、中微子以及量子信息方面取得了一系列具有世界领先水平的重大成果。比如开展了"京沪干线"量子密钥通信技术应用，成功研制并发射了世界首颗量子科学实验卫星"墨子号"，在世界上首次实现洲际量子密钥保密通信，"多光子纠缠及干涉度量"获国家自然科学奖一等奖。最近，中国科学院物理研究所首次在铁基超导体中发现马约拉纳任意子。这些具有引领性、开拓性的重大原创成果，体现了我国科技界重大原创能力持续攀升，在国际科技界产生了重要影响。这些基础研究的突破不仅在基础科学前沿上展现了中国科学界的贡献，而且有的工作将为信息技术的突破提供重要的理论基础，抢先占领未来发展的知识产权高地，这也是世界上主要发达国家十分重视基础研究的原因。

## 二、数字经济和人工智能成为新引擎，将对重塑经济社会发展产生重大影响

信息技术产业正在进入一个转折期，围绕更高速度、更大容量、更

低功耗的下一代信息技术，将产生重大技术变革。人工智能、大数据、网络安全、区块链等技术市场正在快速发展，催生了以数字经济为核心的新兴技术和产业蓬勃发展。2016年，数字经济在GDP中的占比，美国达到59.2%，日本为45.9%，英国为54.5%，我国为30.3%；预计我国到2020年和2035年将分别变为35%、50%。

目前，芯片技术和超级计算发展迅速。7纳米芯片已经开始应用，5纳米芯片技术正在加速突破，越来越逼近物理极限；2018年6月，美国的顶点超级计算机运算速度接近20亿亿次/秒，超过了之前一直处于榜首的"神威·太湖之光"，中国科学院正在研制曙光新一代超级计算机，预计到2019年6月完成，运算能力将超过美国的顶点超级计算机。同时，具有超强计算能力的量子计算机成为当前研究的热点，其将彻底改变计算的概念。经典计算机分解300位大数需要15万年，而量子计算机只需要1秒。量子计算机一旦突破，将推动人工智能、气象、大数据、药物设计等多个领域实现飞跃性发展。IBM、谷歌、阿里巴巴等都投入力量进行研发，我国在量子计算机方向上已做了重点部署，并取得积极进展，2017年中国科学技术大学研制出世界首台光量子计算机原型机，2018年又在量子计算方面实现了20个量子比特纠缠。

人工智能将是继机械化、电气化、自动化之后的新"工业革命"，使工业生产更绿色、更轻便、更高效。近年来，全球机器人产业年均增长速度始终保持在15%以上，2017年全球机器人产业规模已超过250亿美元，增长20.3%，预计2018年将达到近300亿美元，有潜力成为新的增长点。围绕人工智能，国际大公司都在加紧战略布局。自2011年以来，已有近140家人工智能初创公司被收购。

2016年，中国科学院计算研究所研制出寒武纪深度神经网络处理器，首轮融资1亿美元，估值超过10亿美元，成为全球首个AI芯片独角兽公司，并为华为的麒麟970手机提供了核心芯片。最近又发布了国内首款云端人工智能芯片，理论峰值速度达128万亿次/秒定点运算，达到世界先进水平。华为最近也发布了7纳米麒麟980手机芯片。这些进展反映了中国在芯片研制方面的努力，自主创新能力也在不断提升。

机器人、大数据、人工智能的发展，使人们可以获得与分析更多的数据，不再依赖于采样，可以更清楚地发现样本无法揭示的细节和规律，对科研组织方式和手段都产生了深远的影响。比如，VR/AR 技术可以大幅提升学术交流、数据共享的效率；IBM 正在与多家癌症研究机构合作，利用其 Watson 认知计算平台加速癌症研究与药物开发。中国科学院研制的智能分拣系统，1 小时能够分拣包裹 7.2 万件。科大讯飞人工智能医生通过全国执业医师资格考试，在 2017 年参加考试的 53 万考生中，成绩超过 96.3% 的考生。

2015 年，我国已经有 80 亿的设备连接到互联网，这一数据在未来几年还将保持高速增长。物联网推动互联网技术与各行各业深度融合，形成智能制造、能源互联网、智能交通、智能城市、智能政府、智能医疗等许多意想不到的新形态，将引起巨大的社会变革。但解决万物互联的拥堵问题必须前瞻部署，从信息高速公路开始，从高宽带到高通量，建设"信息高铁"，前瞻部署高速信息中央指挥控制中心及相应软硬件。

### 三、深空深海深地加速发展，空天地一体化成为发展的重点

航天领域是世界科技强国激烈竞争的战略制高点。2015 年，全球航天产业总收入约为 3229 亿美元。美国、欧盟、日本都制订了面向未来的战略规划，并在深空探测方面不断开拓新的疆域。美国勇气号火星探测器已经登陆火星进行了探测，美国朱诺探测器抵达木星进行了探测，美国旅行者 1 号探测器已经飞出了太阳系，最近美国进一步加大对深空探测的投入，并计划重返月球。欧洲空间局的菲莱着陆器已经登上彗星进行探测，并与俄罗斯联邦航天局合作启动了火星探测计划。日本在2003～2010 年间发射了隼鸟号探测器进行小行星探测和登陆，成为人类历史上第一个将小行星样本带回地球的探测器；2018 年 10 月 3 日，隼鸟 2 号在名为"龙宫"的小行星上投放了登陆器，并发回了第一张清晰的小行星表面照片。2016 年，我国成功发射了天宫二号和神舟十一号载人飞船，在载人航天和探月中不断取得新进展，并计划在 2020 年左右发射空间站，2021 年开始火星探测。这一系列重大航天工程的实施和持续进展，将进一步改变世界航天科技的竞争格局。

随着通信和对地观测的需求日益增加，卫星制造和发射技术不断

进步，使得成本越来越低，卫星已经成为快速发展和崛起的新兴产业，2015 年全球卫星产业的总收入已达 2083 亿美元。比如，2014 年，全球发射了约 158 个纳米或微小卫星，比前一年增加了 76%，预计到 2020 年，将发射 2000 多个微纳卫星。

近年来，中国科学院先后研制并成功发射了世界首颗量子科学实验卫星、实践十号返回式科学实验卫星、我国首颗碳卫星、硬 X 射线探测实验卫星以及新一代北斗导航试验卫星等，共计 38 颗卫星，在国内外引起了强烈反响，标志着我国空间科学技术在国际竞争中已经占据了有利位势。暗物质粒子探测卫星已获得迄今世界上最精确的高能电子宇宙线能谱，有望在暗物质研究方面取得突破性进展。2016 年，中国科学院研制的世界上最大口径的球面射电望远镜（FAST）正式启用，习近平总书记致信祝贺，目前 FAST 已发现 44 颗新脉冲星。

海洋新技术的突破正催生海洋经济的兴起与发展。作为体现国家科技水平和经济实力的载人深潜器，目前美国、法国、俄罗斯、日本已拥有 6000 米级深海载人潜水器。过去 5 年，我国在深海探测方面也取得了一批重大进展。2012 年，中国蛟龙号首次突破了 7000 米深度，并成功完成七大海区共 152 次成功下潜；2016 年，中国科学院自主研制的探索一号科考船在马里亚纳海沟开展了我国首次综合性万米深渊科考活动，无人潜水器最大潜深达 10 911 米，创造了我国无人潜水器最大下潜及作业深度纪录，使我国成为继美国、日本之后第三个拥有万米级无人潜水器研制能力的国家。2017 年，中国科学院研制的海翼号深海滑翔机 3 次突破水下滑翔机的世界下潜深度和国内航时纪录[①]。

地质勘探技术和装备研制技术不断升级，使得地球更加透明，为开辟新的资源能源创造了更好的条件。习近平总书记 2016 年 5 月 30 日在"科技三会"上的讲话中指出，从理论上讲，地球内部可利用的成矿空间分布在地表到地下 1 万米，目前世界先进水平勘探开采深度已达 2500～4000 米，而我国大多小于 500 米，向地球深部进军是我们必须解决的战略科技问题。2017 年，我国在南海北部海域成功进行了可燃冰试

---

① 习近平总书记在 2018 年的新年贺词中专门提到了此项成果。

采，成为全球第一个实现在海域可燃冰试开采中获得连续稳定产气的国家。但我国页岩气单井平均综合成本为 5000 万～7000 万元，高于美国单井 3000 万元的平均综合成本。针对资源较为丰富的深层页岩气（我国 3500 米的深层资源量占 65%）的勘探开发、技术和装备仍需攻关。尤其针对国外只提供技术服务而不对外出售的钻井旋转导向、测井设备、Smith 钻头等关键装备工具，仍是"卡脖子"问题。中国科学院在深部资源探测核心装备研制方面已取得了重大进展，多项指标达到国际水平，部分装备打破了国外技术垄断，为"向地球深部进军"战略提供强有力的技术支撑。2017 年，中国科学院还启动了"智能导钻"先导专项，主要研发具有我国自主知识产权的"智能导钻系统"，有望破解我国深层油气勘探开发难题，大幅度提升油气产量。

## 四、生命科学的持续突破，为解决人口健康问题提供有力手段

当前，全球人口结构正在发生深刻变化，一般认为发展中国家 60 岁以上人口占总人口的 10% 以上就进入老龄化社会。2017 年年底，全球 60 岁及以上老龄人口有 9.6 亿，占总人口的 13%，并将以每年 3% 的速度增长，快于其他年龄人口的增长速度。随着老龄化社会的到来，与老龄化相关的重大疾病呈现明显的上升趋势，心脑血管疾病、肿瘤、神经退行性疾病位居前三位，成为当前生命科学和人口健康领域的重点方向和重大挑战。据世界卫生组织预测，全球癌症病例呈现迅猛增长态势，由 2012 年的新增 1400 万人，逐年递增至 2025 年的新增 1900 万人，到 2035 年将达到新增 2400 万人。新增癌症病例有近一半出现在亚洲，其中大部分在中国，中国新增癌症患者达 307 万人，并造成约 220 万人死亡，分别占全球总量的 21.9% 和 26.8%。

随着经济社会发展，我国对人口健康的需求也越来越大。目前，我国人口平均寿命已达 76 岁，60 岁以上人口达 2.22 亿，占总人口的 16% 以上，预计到 2030 年将占总人口的 25% 以上。在 2016 年发布的《"健康中国 2030"规划纲要》中，对我国人口健康提出了明确的目标要求，比如到 2030 年，我国人口预期寿命将达到 79 岁，重大慢性病过早死亡

率比 2015 年降低 30%。

人口健康始终是世界各国都高度关注的战略领域，也是全球研发投入的重点。据统计，全球研发投入中有 25% 左右用于生命科学，美国生命科学研发投入占到全球的 46%；全球医药企业十强中，美国占了 5 家。在高强度的研发投入支持下，基因测序、干细胞与再生医学、分子靶向治疗、远程医疗等技术迅速进入应用阶段，推动医学模式由疾病治疗为主向预测干预为主转变，进入个性化精准诊治和低成本普惠医疗的新阶段。

基因编辑技术有望解决人口健康重大需求，引发新一轮医学革命。基因遗传病由基因缺陷引发，缺少有效的治疗药物且无法根治。目前已知的单基因遗传疾病达到 7000 多种。以耳聋病为例，我国有 2780 万患者，其中超过 1100 万患者由单基因突变引起。目前，人体基因测序已基本实现自动化、规模化和系统化，全基因组测序成本降至 1000 美元以下，几分钟就可完成。诺华制药等公司投资超过 30 亿美元，用于开发基于基因编辑的 CAR-T 技术（嵌合抗原受体 T 细胞免疫疗法），目前已经治愈多例恶性肿瘤患者。2018 年的诺贝尔生理学或医学奖就授予了在癌症免疫治疗方面做出贡献的美国科学家詹姆斯·艾利森和日本科学家本庶佑。当前，抗肿瘤药物是最大的治疗领域，在研药物数量近 7000 个，约为第二、第三大治疗领域在研药物的数量之和。

中国科学院在人口健康领域持续取得重大突破。基于干细胞技术制备出引导脊髓组织损伤再生的生物材料，中国科学院已开展修复脊髓损伤的大动物（狗）实验 168 例，显示出良好的临床前景，2015 年开始进入临床实验。2018 年 1 月，中国科学院上海生命科学研究院通过表观遗传学修饰促进体细胞核重编程，在国际上首次实现了非人灵长类动物的体细胞克隆[①]；7 月，又在国际上首次人工创建了单条染色体的真核细胞，为人类对生命本质的研究开辟了新方向，在医药和工业发酵等领域具有应用潜力。

脑科学被看作自然科学研究的"最后疆域"，对人工智能、信息学、

---

① 习近平总书记在 2018 年的两院院士大会上专门提到了此项成果。

行为科学等都将具有基础性和开创性意义。诺贝尔生理学或医学奖中1/4与神经科学相关。世界卫生组织预测，到 2020 年，世界精神和神经疾患的医疗费用将占总负担的 20%，成为危害人类健康最严重、负担最重的疾病。2013 年，欧盟启动了"人类大脑计划"。随后，美国启动了脑科学研究计划，2017 年又宣布启动"国际大脑计划"。中国在这方面研究起步也很快，2011 年中国科学院就实施了脑科学战略性先导科技专项，在脑功能图谱绘制方面取得重要进展；2015 年成立了脑科学与智能技术卓越创新中心。2018 年 7 月，中国科学院药物创新研究院研发的新型抗阿尔茨海默病药物通过三期临床试验，在认知功能改善上达到预期目标，有望于近期上市。目前，脑科学研究国家重大科技项目也将启动。这些重大计划的实施将有力推动脑科学研究，极大地带动人工智能、复杂网络理论等的发展。

## 五、绿色低碳发展成为科技创新基本理念，促进和保障人与自然、社会和谐相处

当前，能源问题、生态环境问题、全球气候变化等成为影响经济社会发展的重要因素，绿色低碳技术与产品为解决这些重大挑战提供了一条有力的途径。从我国经济社会发展来看，随着经济总量的持续攀升和人口结构的变化，对能源资源的需求持续增长，生态环境也面临很大压力，对科技创新不断提出新需求。

——据预测，到 2030 年，中国原油需求将达 8 亿吨、天然气消费超过 4500 亿立方米、铁矿石需求 7 亿吨、铝矿需求 1500 万吨、铜矿需求 700 万吨。到 2040 年，中国将成为全球最大的能源消费国，在全球能源消费中的占比超过 25%。同时，中国的能源结构也将发生深刻变化，到 2050 年，非化石能源将成为主导能源，占比将达到 50% 左右。

——水资源缺口巨大，目前年均缺水量高达 500 多亿立方米，单方水的 GDP 产出为世界平均水平的 1/3，全国大多数城市工业用水浪费严重，平均重复利用率只有 30%～40%。随着经济发展的需求，缺水量将持续增加。

在 2015 年气候变化巴黎大会上，中国承诺，2030 年碳排放达到峰

值，并争取早日达到峰值；2030 年单位 GDP 碳排放量比 2015 年下降 60%～65%。2017 年以来，挪威、荷兰、德国、印度、法国等宣布将全面禁售燃油车。这一系列举措将逐步改变现有能源结构和全球能源版图。据国际能源署（IEA）预测，到 2035 年，清洁能源将占全球能源的 31%，成为世界主要能源。

在政府引导和支持、社会各方力量积极参与下，绿色制造，绿色农业，太阳能、风能等清洁能源开发、存贮和传输技术，生态环境保护与修复等产业和技术将加速发展，被称为"第五能源"的节能技术有望实现重大突破，新能源的利用效率显著提升，大幅降低了生产过程中的排放和能耗，推动世界能源体系结构深刻调整。

最近几年，我国在能源资源领域取得一系列重大突破。比如，中国科学院最近提出了"液态阳光"计划，"液态阳光"主要利用阳光、二氧化碳和水，通过新的能源技术，将阳光转化为稳定、可储存、高能量的液态化学燃料，如绿色醇类燃料，便于储存、运输并配送至终端使用者，有助于满足人类在交通、工业和材料等终端应用领域的能源需求，保持生态平衡，对可持续发展起到至关重要的作用。中国科学院还在新一代煤制油、煤制高值化学品（烯烃、乙醇、乙二醇等）等研发和产业化方面取得重大进展，二氧化碳催化合成清洁燃油的基础研究也取得突破，为解决我国化石能源的清洁高效利用提供了一条新途径。

核电是实现能源可持续发展的最有效途径。我国具有自主知识产权的"华龙一号"首堆示范工程开工建设。中国科学院"未来先进核裂变能"战略性先导专项实现重大阶段性突破，全面掌握了核心关键技术，为我国率先建设钍基核能系统实验堆奠定了基础。中国科学院还提出了"加速器驱动先进核能系统"（ADANES），可使铀燃料利用率从不到 1% 提高到 95% 以上，核废料量减少到约 4% 且放射性寿命从数百万年降低到 500 年以下，将为更高效、更安全、更经济的核燃料循环体系奠定基础。目前中国科学院近代物理研究所正在广东惠州建设第一阶段的"加速器驱动嬗变研究装置"（CiADS），主要开展工程技术验证和次临界系统控制、核废料嬗变、乏燃料循环再生等的实验研究，为在 2035 年左右实现实验堆示范应用奠定基础。

上述主要特征和发展态势，既有基础研究更加强调重大科学问题导向的一面，更有经济社会可持续发展和人类文明进步强大需求导向的一面，使得世界科技发展战略重点领域更加聚焦，国际科技竞争和合作也面临更复杂的局面。准确把握科技发展的新态势，有利于我们清醒地判断我国科技创新发展的基础、差距、潜力，从而在指导思想和行动举措上做到既不能盲目乐观、故步自封，也不能妄自菲薄、踌躇不前，这也要求我们更加自觉、更加坚定、更加深入地学习贯彻习近平新时代中国特色社会主义思想，贯彻落实好习近平总书记关于科技创新的一系列重要论述，切实提高"观大势""谋大事""干实事"的能力和水平，加快创新型国家和世界科技强国建设，不断开创国家创新发展新局面。

# 从太阳吹来的风暴
## ——你所不知道的空间天气

**魏奉思**

中国科学院院士，博士生导师，研究员。1963年毕业于中国科学技术大学地球物理系空间物理专业，1980～1981年及1994年先后赴美国、德国做访问学者，1988～2006年先后任国际TIP、SOLTIP、CAWSES/Space Weather等机构的委员和中国召集人；1993～2002年，先后建立中国科学院日球物理数值开放研究实验室、中国科学院空间天气学开放研究实验室（2001年更名为中国科学院空间天气学重点实验室），并任主任；1993～2004年提出国家重大科学工程"子午工程"构想，任总体组长、工作组组长，在中国科学院领导下和全国各地的同行一起建议、组织和推动"子午工程"，该工程1997年被国家科技教育领导小组批准；2002年提出国际空间天气子午圈计划建议；1995～1997年、1999～2003年和2009～2012年先后任国家自然科学基金委员会"八五""九五""十一五"重大基金项目主持人；2011年以来任科技部973计划专家顾问组成员；现任国家自然科学基金委员会优先发展领域"日地空间环境与空间天气"学科指导与评估小组组长，北京大学、武汉大学兼职教授，南昌大学、澳门科技大学荣誉教授，中国科学技术大学赵九章大师讲座教授。

主要从事行星际激波动力学过程与空间天气预报方法研究等，先后获国家和中国科学院自然科学奖6项；近十多年来致力于我国空间天气科学事业的建立与发展，先后负责我国空间天气保障能力、空间天气科学服务和平利用空间、空间天气预报前沿、空间科学学科发展战略研究建议等工作。

*Wei Fengsi*

魏奉思

我的报告是《从太阳吹来的风暴——你所不知道的空间天气》。我想大家从图1这个画面已经猜到了什么是太阳风暴、什么是空间天气。没有猜到也不要紧，下面我将一一来给大家介绍。

**图1　太阳风暴吹袭地球会给人类的空间活动带来严重危害示意图**

## 一、太阳风暴

我先讲一讲太阳风暴是怎么回事。俗话说万物生长靠太阳，地球的能量是太阳提供的。但是太阳经常发脾气，它一发脾气就把巨大的能量和物质抛出来。如果长长的风暴云团吹向地球，地球就会受影响，甚至遭殃。我们知道，太阳的大气是非常活跃的，常有各种各样的现象发生。

比如说太阳黑子，我们借助太阳望远镜用肉眼能在光球上面看到中间温度比较低、看起来很暗的小黑点，但它是一个强磁场的源区，其强度可以高达5000高斯[①]。如果这种黑子成群地出现，就有可能产生耀斑活动，这种活动也是我们在太阳表面之上的低层大气中能看到的一种突然闪亮现象。大家别小看，一次耀斑闪亮放出的能量相当于上百万个氢弹爆炸释放的能量，它常伴有 X 射线增强发射。在它的成像中会看到很多环状亮条结构，这里面有大量的电磁能量，这些电磁能量约 8 分钟可以到达地球。一股流量比平常高千万倍的高能带电粒子流常伴随着从太阳发射出来，十几小时到几十小时可以到达地球。还有一个重要现象——日冕活动。我们在日食的时候会看到太阳外面的日冕大气。太阳平静时，它们看似两个大耳朵位于赤道附近的中低纬度；当太阳活动频发时，可以观测到很多高温、电离的日冕等离子体物质抛出来。由于其范围非常大，因而若其抛向地球，地球常会遭殃，受到的影响可长达好几天，地球完全被包围其中。讲到这里，我们就有了一个初步的印象。什么是太阳风暴呢？它是太阳活动爆发时巨大的能量和物质突然向空间释放的一种现象，现在媒体通俗地把上述三个方面的爆发活动都叫做太阳风暴。实际上，只有刚才我们讲的日冕物质的抛射形成冲击波在空中传播才宛如风暴一般。太阳风暴若吹向地球，会使得整个地球的结构发生急剧的变化，驱动一系列空间天气现象发生。例如，美丽极光的出现，常是太阳风暴吹袭地球的一种光学指示。

## 二、空间天气

下面分别从几个层面介绍什么是空间天气。

### 1. 空间环境

空间环境指的是影响地球生存发展的外部空间，可划分为以下几个层次。第一个层次叫日球空间，是最大的一个空间环境，是太阳活动所影响的范围，再往外就是星际空间，出了太阳能够控制的区域了。这个范围有多大呢？ 20 世纪 70 年代发送的飞船用了四十多年才到边界，距

---

① 1 高斯 $=10^{-4}$ 特斯拉。

离是八九十个天文单位。一个天文单位就是从太阳到地球的距离，大家可以想象这是一个多么遥远的距离。这也表明我们现在的空间技术是何等先进，飞行了四十多年，飞船的信号还能被我们地球所接收到。接下来的一个层次就是由太阳和地球组成的一个空间系统，叫做日地空间，它直接影响了地球的生存与发展。再接下来就是我们的地球空间（图2），

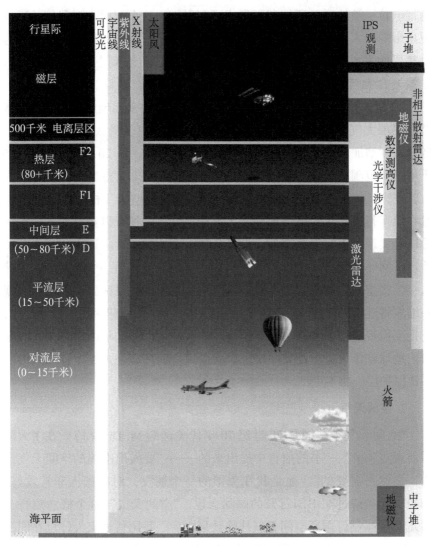

图2　地球空间结构示意图

从地面往上看，地表刮风下雨这些地球天气主要是受 2~30 千米的对流层 / 平流层所影响，再往上就进到临近空间、热层、电离层一直到千万千米的磁层，这个范围就是地球的空间，是飞机、气球、火箭、卫星的主要活动范围。我们再稍微仔细地看看地球空间里面有什么结构。地球有一个磁层空间，因为地球是有磁场的。它所控制的区域形成"水滴状"的地球磁层空间，这个磁层空间里面有很多重要的结构，如高能的带电粒子被地磁场所捕获而形成了辐射带，这个辐射带对我们的通信卫星影响很大，通信卫星往往被它的高能电子所毁坏。还有一个被称为电离层的重要结构，它位于地面五六十千米以上直到上千千米的区域，是镶嵌在大气层中、电离度高的一些片状结构，常称为电离层 D、E、F1、F2 层，我们的无线电通信就是靠它反射电波来实现的。再有就是地球的热层大气，从八九十千米直至上千千米，由于受太阳紫外线照射，随着高度增加越来越热，所以叫热层。除此之外，从 20 千米左右到 100 千米这个范围，被称为临近空间，最近十多年是非常热闹的，各种无人机、空天飞机、飞艇等飞行器竞相亮相。美国的空天飞机 X-37B 已经通过在轨运行近 2 年的试飞检验。大家从报纸、电视可以经常看到，美国称已经实现 1 小时飞遍全球。世界各技术发达国家对临近空间都十分关注。空间环境还有两个重要的区域，一个是北极，另一个是南极。为什么极区很重要？举个例子，假如我们从北京出发经极区到美国可以比现在缩短将近 1/3 的航程。这里要特别提出来的是，地球磁场的功劳很大，它把高能带电粒子和等离子体拒之门外，使它们只能从两极进来，否则我们地球就像火星、月亮一样了。所以说空间环境是人类生存和发展的一道保护层，功不可没。

### 2. 空间天气

"空间天气"一词是 20 世纪 70 年代美国的 M. Dryer 博士在《太阳活动观测预报》一书的前言中提出来的——"要做出准确的空间天气预报，显然是需要的"。他是我在美国的一个朋友，对中国人非常友好，和我一起主持过在中国召开的国际会议。"空间天气"这个概念流行于 1995 年美国制订国家空间天气战略计划之后，我国科学家大体也在同时关注空间天气。早在 20 世纪 70 年代，我也提出过类似的空间天气想法，当时还不知道美国人有这个概念。空间天气的概念是在与地球天气类比的基础上发展起来的，它主要研究二三十千米以上，直到太阳大气这整个日地空间环境里面的电磁环境、粒子环境、等离子体环境和大气环境中那些突发性、短时间尺度、高度动态的变化现象。20世纪90年代，美国科学家给空间天气提出一个定义，"它指的是太阳上和太阳风、磁层、电离层和热层中能影响空间、地面技术系统的运行和可靠性，以及危害人类健康和生命的条件或状态"。这里最典型的空间天气就是太阳风暴，它常常给人类的航天、通信、导航、电力、健康和国家安全带来巨大的损失，这是20世纪90年代人们才认识的新现象。现在我们知道，地球上除了地震、海啸、飓风这些地表灾害之外，在我们头上的高空还存在空间天气灾害。

**3. 空间天气现象**

空间天气现象主要有如下几种。

（1）行星际太阳风暴。它是日冕物质以几百千米每秒到两千多千米每秒的高超音速、携带 $10^8 \sim 10^{10}$ 吨物质和 $10^{22} \sim 10^{26}$ 焦耳能量向外以风暴形式抛出，在行星际太阳风中成为高超音速的激波在日地之间乃至太阳系中的行星际空间传播，它常可传播到离太阳几十个天文单位之遥而衰减不大。

（2）磁暴。这是地球磁场水平分量突然下降、慢慢恢复的一种现象。我们在地面上、卫星上都可以观察到。它常与地球系统中的极光、粒子暴、电离层暴和热层暴之间有很好的关联性，都是太阳风暴的地球响应，只是发生在不同空间层次的不同表现。

（3）极光。从太阳吹来的太阳风等离子体从两极沿磁力线吹进上百千米的大气里面，与氧分子、氮原子碰撞可以发出绿、蓝、红等各种色彩的光芒，非常漂亮。它是太阳风暴吹到地球的一个光学信号，卫星上也可以看到地球的两极，会有一个椭圆的极光带出现。

（4）粒子暴。当磁暴发生时辐射带中高能电子和离子流量突然增高成百上千倍的现象，卫星要是碰上就受不了。特别是磁层中数百兆电子伏特的高能电子打在卫星上，一些电子元器件会出现记录信号的翻转，电池的效率会降低，甚至电子器件会损坏。另外，高流量的粒子暴也会对宇航员的健康带来危害。

（5）电离层骚扰、电离层暴、电离层闪烁。这是电离层中的几种天气现象，它们跟通信的关系非常密切。电离层骚扰是太阳耀斑爆发以后约八分钟时产生的现象，太阳发出的强紫外线和 X 射线流量可以突然增加十倍、百倍、千倍乃至万倍，将导致电离层 D 层的电子密度突然增加，使得向阳面通信中断，这种突然骚扰可以持续几分钟到几小时。电离层暴由日冕等离子体抛射形成的行星际风暴吹袭压缩地球所致，它对电离层各层都有影响，由于电子浓度下降，电波的反射频率也降低了，若高于某个临界值，电波就穿过去跑掉了，电离层暴可以持续几小时到几天。再有一种是电离层闪烁，电离层中存在不规则的等离子体泡状团块结构，致使穿越的电波信号相位和幅度产生快速扰动变化，这对我们的卫星通信影响很大。在地球上有两个重要闪烁区，一个是极区，无论白天、黑夜都可以发生；另一个是在赤道低纬区，晚上九十点钟时较易发生。我国的广州、海南岛就位于这个闪烁频发的地带，在海南岛记录到的 GPS 信号闪烁可以达到几十分贝，电离层闪烁严重的时候卫星信号就中断了。

（6）热层暴。这是当太阳风暴吹袭地球时热层大气的密度、温度突然增高的现象，这种增高可达百分之几百，会造成空间站等中、低轨道卫星的轨道出现突然下降等异常情况。

（7）周期性。众所周知，太阳活动有 11 年的周期性，也导致空间天气的变化有相同的周期性。我们知道太阳的黑子数是太阳活动强弱的一个指标器，这个太阳活动周期的太阳活动相对是比较低的，黑子数只在 100 左右（它以太阳球面的百万分之一为单位来量度）。地磁暴产生频数是空间天气的一个指标。太阳活动增强的时候，太阳黑子数增加，磁暴次数也增强，两者在一个太阳活动周期内是随行起舞、相伴而行的。太阳活动高，年空间天气事件也越多，现在正是处在太阳活动从高向低走的下降阶段。

### 4. 空间天气与地球天气的关系

大家很关心的地球天气是暴风、暴雨、雷暴等暴时天气变化现象，空间天气关心的也是暴时天气变化，如 X 射线暴、粒子暴、行星际太阳风暴、地磁暴、电离层暴和热层暴等；地球天气主要发生在地表二十千米以下的对流层，而空间天气则发生在二三十千米以上一直到整个太阳系；地球天气研究的是中性流体，特征速度就是声速，原子、分子间的相互作用多是通过粒子间的碰撞来实现的，可是在空间中大多是稀薄的磁化等离子体流体，有阿尔芬速度和快、慢磁声波速多个特征速度来表征其中的激变物理过程，粒子间是通过波和粒子相互作用来实现的；地球天气的起源主要是地表的辐射和对流平衡起重要作用，空间天气基本上是起源于太阳活动的一个全球现象，也有局域的特征；观测手段都有观测站、火箭、卫星，不同的是地球天气的尺度比空间天气小很多，两者的空间技术要求的难度也各不相同；此外，地球天气直接影响地表人类的生活、生产和军事活动，空间天气影响的是我们头顶上几十千米乃至千万千米以上的航天、通信、导航等空间活动，以及电力、资源考察、人类健康及国家安全等领域。那么空间天气与地球天气这两者之间有没有联系呢？从长期变化来讲，地球上的一些 11 年的调制变化，如地球的温度、雷暴活动以及洪、涝、干旱等灾害，都显示出受太阳活动调制的趋势。全球变暖与太阳活动有无关系也开始引起人们关注。短期的地球天气变化和空间天气变化之间的关系也是正在起步的研究热点之一。

**5. 空间天气灾害事例**

（1）1989 年 3 月，一次严重的空间灾害性天气事件震惊世界。这次事件导致很多近地卫星、同步轨道通信卫星发生异常甚至报废；全球无线电通信受到干扰或中断；轮船、飞机的导航系统失灵，美国海军的 4 颗导航卫星提前一年停止服务；预警跟踪目标丢失 6000 多个；宇航员和高空乘客受到超警戒的辐射剂量；加拿大魁北克巨大电力系统烧毁，600 万居民停电 9 小时以上，美国新泽西州一座核电站巨型变压器烧毁；等等。整个空间技术系统和地面电力系统都受到广泛的严重影响甚至破坏，震惊全世界，历史的教训应予以关注。

（2）卫星轨道受影响的例子。太阳风暴吹袭地球，卫星的运行安全受到威胁。20 世纪 70 年代，美国发射了"天空实验室"飞船。因为太阳风暴吹袭地球，轨道高度的密度突然增加，使该飞船突然下降 5000 米，很快因大气的阻力导致轨道快速衰减就坠落了；国际空间站曾记录到 2000 年 7 月有一次太阳风暴吹来，它使平均每天的轨道偏离马上就变为 300 米了，最大偏离可达 40 千米，轨道的这种突然下降会给卫星的寿命带来严重影响；平常一点儿的空间天气变化就是指很弱的太阳风暴吹袭地球，这也常引起轨道的衰减。轨道偏离在 100 米以上时，就会给对接带来麻烦。

（3）卫星被高能电子毁坏的例子。2010 年 5 月，美国的银河 15 号卫星（重 2 吨，造价 5 亿美元），就由于地球辐射带高能电子通量突增的轰击而变成"僵尸"卫星，不能工作了。这表明我们现在虽然处在太阳活动比较低的年份，但是辐射带粒子的变化也会酿成空间灾害。

（4）电离层天气变化影响通信的例子。1980 年美国里根总统首次访问中国。他的飞机落地以前，太阳风暴吹袭地球，造成短波通信中断几小时。在这期间，他与美国三军总司令失去联系，卫星通信也大受影响。当时美国人很着急，如果是"冷战"时代，这就会引起一场轩然大波。

这里还有一个中国的例子。2001 年 4 月 1 日，美军的侦察机在海南的上空把我国的战斗机撞毁了。我们组织搜救时恰遇太阳风暴吹袭地球，造成短波通信中断约 3 小时，影响了搜救工作。当时我们正在执行一项国家自然科学基金重大项目，有一个第五课题是由中国电波传播研究所的吴建研究员负责的。他很快便报告了这件事并召开了新闻发布会，说明这次事件是空间天气惹的祸，避免了对形势的误判。

特别值得一提的是，短波通信的中断在我国是经常发生的。最严重的一次发生在 2000 年 6 月，北方地区的短波通信中断长达 17 小时。如果在战争年代，靠短波通信进行指挥的系统会处在瘫痪状态，这将是很危险的一件事情。

（5）警惕电力和油气输运受影响。大家知道，我国正在建设 75 万千伏甚至百万千伏的上千千米的超高压电网。据分析，如果有一个强太阳风暴吹袭地球，它引起的感应电流可以达到上百安培甚至上千安培，这就会对上千千米的超高压电路造成影响；此外，轨道交通（如高铁）信号指示灯这类设施在地磁干扰严重的时候是否会出现信号异常的翻转，由于事关安全也正引起关注；大家从报纸上看到，我们的油气资源很缺乏，要从俄罗斯购买，油气管道长达上千千米，甚至是上万千米，而且是在高纬地区，太阳风暴吹来以后，高纬地区的地磁场变化剧烈，产生的地磁感应电流会很强，易造成输油管道的腐蚀加重，加快漏油，这也是关系国计民生的一件事。

上面列举的这些空间天气灾害事件是谁惹的祸呢？就是空间天气！这是我们从20世纪90年代才开始认识到的新事实。近20来年已发生过20几次重大的空间灾害性天气事件，所以从统计上讲，平均每年都可能有重大的空间灾害性天气事件发生。尽快成为有空间天气知识和保障能力的国家，是我们的一种历史责任。

### 6. 对空间天气科学的认识

若从1995年国际上提出"空间天气"定义算起，空间天气研究是一门年仅20来岁、正值青春年少的科学，我们对它的认识尚处在不断发展的过程之中。现在的认识可以从两个层面来讲。一方面，空间天气科学是一门新兴的前沿交叉科学。它以空间物理学为基础，与太阳物理、地球物理、大气物理、等离子体物理等多学科交叉综合，与航天、航空技术，通信、导航技术，跟踪、定位技术，电子技术，光电技术，成像技术等多种工程技术紧密结合。它聚焦监测、研究、预报日地空间乃至太阳系中突发性的条件变化、基本过程、变化规律及其对天基、地基技术系统、人类健康与生命的危害效应。另一方面，它也是一门关乎人类社会生存与发展的战略科学。它旨在减轻或避免空间天气灾害，保障空间活动安全、助力经济社会平稳运行、提升和平利用空间有效性，正在成为经济社会发展的"助推器"、科技进步的"加速器"和空间安全的"倍增器"。

## 三、空间天气科学蓬勃发展的态势

首先我们做一个回顾，空间天气灾害的认识主要是从1989年3月那次严重的空间天气灾害事件开始的。技术发达国家的政治家、科学家、工程师们都十分关注这件事，经过了几年的思考与研讨，认识到空间天气不仅会带来灾害，还直接关系到国家的空间安全。因此，美国在1995年率先提出了国家空间天气战略计划，由美国联邦政府批准执行。欧洲空间局、德国、法国、英国、捷克、芬兰、意大利、西班牙、瑞典、俄罗斯、澳大利亚、加拿大等国家和机构都相继制订了空间天气的起步计划，从而使这种计划成为诸多技术发达国家的国家行为。最近这十年，人们进一步认识到空间天气还跟经济社会、和平利用空间的发展有关，因而空间天气计划成为一种国际行为。联合国及其有关的国际组织，如世界气象组织、国际空间研究委员会及和平利用外层空间委员会等都设立了专门机构以关注空间天气，空间天气成为国际科技活动的热点之一。下面我把发展态势归纳为"三个器"跟大家做简要介绍。

**1. 空间天气科学正日益成为我们经济社会发展的"助推器"**

这是一个关系全球经济发展的重要议题，我们可以从如下两个层面来理解。

1）应对空间天气灾害，保障经济社会的平稳运行

首先我们看看美国国家科学院 2009 年 1 月的特别报告警告：一个超强太阳风暴吹袭地球，90 秒后整个美国东部地区将停电，国家的基础设施将变成一堆废墟，可能的经济损失将达 1 万亿～2 万亿美元，恢复重建至少要 4～10 年。同时欧洲、中国及日本等国家或地区也将和美国一样，在这次灾难中苦苦挣扎，而罪魁祸首就是距离我们 1.5 亿千米之外的太阳表面产生的太阳风暴。太阳风暴吹袭地球时，除了影响电力系统之外，还会使大多数的卫星受到相当大的破坏。美国人估算，他们的卫星系统的直接经济损失可以达到 2300 亿美元。这是什么概念呢？我们和地球灾害做一个类比，发生在 1906 年的旧金山大地震的损失是 5000 亿美元，一次卡特里娜大飓风的影响是 1200 亿美元，电力系统的破坏是每年 800 亿美元，一次火山爆发就是 50 亿美元。前文提到的魁北克电站损失就是 20 亿美元。有关超强太阳风暴可能带来的危害是相当严重的，我们国家给予了高度重视。

这里我们讲讲历史上的事件。1859 年八九月份确实曾发生过超强太阳风暴，只不过那时还处于农耕时代。当时在印度孟买记录到一个地磁场水平分量的突然下降，幅度可以到 1700 多个纳特斯拉（nT），中国地处北纬二三十度的地方还能看到极光，西半球的赤道附近也可以看到极光，古巴哈瓦那的"天空被火焰照得通红""全球电报网络遭遇到强烈的损害和中断"。从 2008 年开始，太阳就一直在"打瞌睡"，大概睡了两年，从 2010 年开始苏醒，现在是活动水平从高走向比较低的年份，但是

超强太阳风暴可以发生在太阳活动水平不高的太阳活动周，前面我们讲的1859年的超强太阳风暴就发生在与我们现在活动水平相当的太阳活动周里。有科学家的研究预测，未来十年发生超强太阳风暴的概率大概是12%。最近几年卫星的观测也表明，2011年有27个1000千米每秒以上的大太阳风暴吹袭地球，最快的是两千多千米每秒，这些是极高超音速的风暴，只是没有对着地球吹，因此都没有产生重大影响。国际著名刊物《自然》2012年专门发表了一个评论，让大家做好太阳风暴来临的准备，因为太阳风暴引发的空间天气灾害和地震、海啸、飓风灾害一样是一种突发性、难以预测、低概率、高风险的重大自然灾害，有的地方叫"空间天气风暴"，英国还为此做了演习。如果碰上一次超强太阳风暴，地球的经济就要倒回去不知多少年，所以我们长期坚持不懈地提升对太阳风暴的科学认知能力和监测能力，才能认识和应对这类自然灾害的发生，把可能的损失降到最低。

2）服务有效和平利用空间，开拓经济增长的新领域

如图3所示，国民经济领域主要涉及电力系统、极区飞行、抢险救灾、海洋资源开发及金融贸易等。航天活动领域主要涉及航天器的发射、回收，飞船对接，卫星损伤，科学计划，载人航天等。这里给大家讲一个小故事。2014年5月"神舟"飞船和空间站进行对接，从发射到对接成功用了约43小时40分钟，有的西方国家对接一次只要6小时。对于如何缩短对接的时间，空间天气研究可以去帮忙。通信导航领域主要涉及航空通信、北斗导航、海南GPS信号闪烁、潜艇通信及外交活动等。这里就飞机给大家讲一个例子，现在的北京首都机场那么大的机场起降一次飞机约间隔5分钟，可是英国的希思罗机场只需要1分钟。对于如何增强我们的航运能力，同时又保障安全，空间天气研究也能帮上忙，它能帮助改善航空通信与导航定位精度。此外，就是我们的新兴产业：①用太阳能发电卫星接收太阳光供城市用电。②空间制造利用微重力环境制造新药物与新材料。③高空平流层飞艇可用作通信平台供城市享用，这项技术20世纪70年代美国人就开始研发，现在正处于关键技术突破的前夜。青少年朋友们如果感兴趣的话，将来还能赶得上它的开发应用。我们也制造一个飞艇，就放在北京上空，它可以覆盖上万平方千米的范

围，不用完全依赖于卫星。④研发高超音速飞机这种新型交通运输工具，我把它比作空中"高铁"，从北京到纽约也只需半个小时左右，这无疑将丰富我们的假日生活。空间天气影响着我们经济社会的方方面面，这里就不展开了。现在在美国只花几美元就可以买一个空间天气预报的软件装在手机上了解空间天气，人们关注空间天气的意识社会上正在提高。

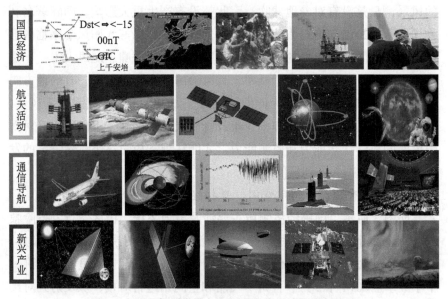

图3　空间天气科学服务和平利用空间涉及诸多领域

### 2. 空间天气是科技进步的"加速器"

#### 1）构建科学认知体系

我们知道新一轮的科技革命将在未来二三十年到来，生物科技是一个带头的科技，空间科学也将是一个重要方面。科技革命最重要的就是要构建新的科学认知体系。那么我们的信息时代怎么来的呢？是建立在相对论、量子力学这些全新的科学认知基础上的。我们现在需要去构建新的科学认知体系。空间天气科学就是把人类的知识从我们的地球实验室向空间实验室拓展，构建从碰撞系统向无碰撞系统拓展的知识体系，这是有效和平利用空间，加速新一轮科技革命到来的一种时代要求。我们在教科书上所得到的知识大都是在地球系统（如固体、海洋、大气这些环境）里得到的，这些环境里基本的物理过程是通过粒子跟粒子的相互碰撞完成的，如能量的转换、扩散、对流、传导等。可是到了千万千米之上的空间，粒子跟粒子之间碰撞的平均自由程大大增加，可以大到从太阳到地球的距离。也就是说，粒子间的相互作用没有办法依赖于碰撞来实现，必须要发展全新的科学概念和理论，去揭示发生于其中的新的物理过程。比如"燃烧"磁场去获得动能和热能，通过波和粒子间的相互作用去获得加速以及通过多种非线性不稳定性去引发激变过程等。我们的日地系统恰好存在从碰撞到无碰撞的过渡带，无论是地球空间还是太阳大气都有这样一个过渡带。太阳上这个过渡带很神奇，跨越了约上千千米，日冕大气的温度从太阳光球的几千摄氏度突增到上百万摄氏度，密度突降为百万分之一，从碰撞为主到无碰撞为主，如碰撞、扩散、传导、能量转换等这些基本概念都受到了挑战。我相信将来一定会有人感兴趣去发展新的科学认知理论，至于这会给社会的进步带来什么影响，今天是难以预估的。

2）现在空间天气研究的主要方向

一个是向上看，指的是向太阳看，这将迎来里程碑式的发展。美国将发射一艘叫"太阳探针"的飞船到太阳附近去看太阳。有多近呢？从太阳到地球是 215 个太阳半径，卫星要近到离太阳只有 9 个太阳半径的位置，几乎就是到太阳跟前去看了，这样很多科学上的秘密就可以被揭开了。大家要知道，尽管我们现在的技术很发达，可是我们看太阳仍然是"雾里看花"，因为空间分辨率是数百千米以上。也就是说，太阳上数十万平方千米的面积，我们看到的只是一个点。如果能靠近太阳看太阳，其许多神秘的面纱将被揭去，科学认知无疑将迎来里程碑式的发展。还有一个就是向下看，就是看地球空间了。我举几个小例子，我们的空间站是在 400 千米左右的高空，大气的密度有 11 年的太阳周期调制变化。例如，2008 年，400 千米高度的密度突然下降达 28%，也就是说，整个地球的高层大气塌缩了。这对地球低层大气及地球的天气/气候系统会有什么影响呢？除此之外，还存在太阳活动结构的调制影响。我国一个年轻的科学家——中国科学技术大学的雷久候教授，发现在空间站高度的大气密度也受到太阳大气中被称为冕洞的低温、高速区调制，为此还获得了一个国际奖项。原因在哪儿呢？在太阳上往往沿经线方向有一条、两条或三条带状结构同时存在。有三条冕洞带的时候，就是间隔九天扫过地球一次，地球上就看出来高空大气密度有九天的调制变化。最近几年我们才认识到，地球低层大气中的重力波向上传播是造成电离层闪烁的重要原因，局地的通信受影响可能与这种现象有关。这些都告诉我们，地球的大气也跟太阳关系密切，也会影响空间天气，因此地球天气／气候与空间天气／气候正成为一个研究热点。

3）空间天气科学的发展还会带动新技术的发展

比如，美国将要把一艘叫"太阳探针"的飞船放到太阳附近去。这个卫星发射进入绕太阳转的轨道需要 3 个月，如果要到离太阳最近的 9 个太阳半径的轨道则要 6 年。大家可以想象，一艘飞船要飞 6 年才能飞到离太阳最近的那个地方去，要突破的技术难度可想而知。因为它飞行的环境特别恶劣，高温、高粒子辐射、强电磁辐射、强太阳光不断闪烁等，卫星的很多系统、器件和材料均面临严酷的考验，而长时期的精准遥测、遥控实现也很难，等等。所以它应该是一个里程碑式的发展，会带来新的航天技术、新的信息技术、新的平台技术、新的探测技术等，为新一轮科技革命的多元化发展做出积极贡献。

**3. 空间天气科学是关系空间安全的"倍增器"**

这个问题很重要，它是空间天气科学迅速发展的重要驱动力，这里仅从以下两个方面来做粗略说明。

1）空间成为现代军事活动的重要场所

现代战争的主战场是在空间，我们已经进入"神仙"打仗的时代了。现在的许多军事技术系统已经从二三十千米上升到成百上千千米的空天环境里去了，军事航天器、卫星导航系统、导弹防卫系统、航天员生命系统等军事系统都会受到空间天气的影响。影响它们的原因大致可分为三类。第一类是电磁辐射，如强的 X 射线、紫外线辐射、γ 射线辐射等，常使电离层高频通信中断，卫星通信会大受影响，雷达跟踪定位和卫星轨道也会受影响，等等；第二类是高能带电粒子，会使卫星姿态受影响，飞船也会被摧毁，前面讲到的美国通信卫星"银河 15 号"就被高能带电粒子打掉了，航天员的健康也会受到损害，等等；第三类是日冕等离子体物质抛射，引起电离层天气变化，致使 GPS 导航跟踪定位产生误差、短波通信中断、雷达失真等。鉴于空间天气的重要性，它已进入美军军事指挥系统，空间天气信息已经开始进入美军特种兵的装备中。研究空间天气对军事的影响已经成为一门新兴的"军事空间天气学"。

除了上述太阳活动这个自然原因外，人为干扰也很重要。20 世纪 60年代，美国曾经进行了高空核爆炸，电力层通信受干扰持续了半年之久，甚至几年之后还能感受到影响。所造成的人工辐射带也使远在地球之上3 万多千米的同步轨道通信卫星被打坏，这导致联合国禁止了高空核爆炸。另外，电离层的人工加热也可以帮助人工电离层实现局部通信。人工影响与控制空间天气的努力一直在进行，只是要进入实用还有一段路要走。

我们知道，航空飞机的高度是我们的领空，再往上的空间没有国界。这就带来一个问题，在空间高度上的任何一点可以打地面或者空间的任何地方，空间武器可以从海上发射，也可以从陆地上发射，还可以从卫星上发射。因此，空间安全是一个非常严峻的问题，近十年它的战略地位得到迅速提升。

2）空间安全已经成为国家安全的战略制高点

在没有空间安全就没有领土、领空和领海安全的今天，空间安全已经成为国家安全的战略制高点。美国已经把空间天气的认识纳入其部队的指挥和控制系统，以为军事活动服务。比如说，如果大气密度的变化有 20%～40%，战略导弹打击的精度就可能会偏离二三十千米或者更多，精确打击就不复存在了。航母驶出很远以后，通信、导航保障也是重要问题。局部高技术战争打的就是电子战、信息战，各种空天信息的集成保障是胜败关键，空间天气直接影响着整个信息优势的发挥，等等。美国的政治家 1960 年就说过"谁拥有太空，谁就拥有地球"。这个说法听起来有点儿言过其实，仔细想想还是很有道理的。到了 2001 年，美国有报告提到："未来作战的主要战场将集中在太空，从历史上看，陆海空都发生过战争，现实情况表明空间也不例外。"美国召开的空间天气研讨会上也提出，"当今空间天气影响陆地、海上、空中和太空中的所有军事行动""成功的军事行动取决于有效地把天气信息集成到陆海空天行动之中，空间态势的认知是成功发挥空间优势的基础，有效地描述影响是空间态势认知重要的环节"，这几句简短的话就可以表明空间天气的研究在国家空间安全中的重要地位。

因此，美国通过高技术战争实践得出了结论，空间天气影响了高科技战争和军事行动的所有任务领域，空间天气是军力"倍增器"。原因很简单，因为空间天气变化涉及的电磁辐射8分钟到地球，粒子辐射十几个小时可以到地球，高超音速的等离子激波也只需一两天时间，它们影响空间各种军事技术系统的轨道、通信、导航、材料、器件、姿态等。大家从报纸上可以看到，俄罗斯已经把航空、航天合成一个新军种，叫空天军，我们周边一些国家早已开始建设"天军"。所以空间天气科学已经成为一个关系国家空间安全的新兴战略科学，它对军事活动的重要性使得一门新兴的"军事空间天气学"已经形成。

**4. 国际社会高度关注空间天气**

由于空间天气科学对经济社会发展、科技进步和国家空间安全的重要性越来越显著，因此国际社会对其高度关注。例如，美国的白宫科技政策办公室在2010年通过评估批准制订了第二个国家空间天气战略计划。这个计划是由美国国家航空航天局、商务部、国防部、交通运输部、内政部、能源部、国务院、国家科学基金会八大机构联合提出的。大家从这里就可以理解，空间天气涉及各个国家方方面面的发展，它的重要性不言而喻，所以美国早在1995年就实施了第一个国家空间天气战略计划，并取得了成功；欧洲空间局继实施空间天气计划之后于2010年组织了"空间态势认知十年计划"，空间天气是三大目标之一；联合国也开始关注空间天气，2009年就开始组织起步计划，协调全球的空间天气监测与研究活动，组织上千台设备对空间天气进行全球监测；世界气象组织于2010年也专门设立了空间天气协调组，中国气象局空间天气监测预警中心与美国空间天气预报中心为共同主持单位；一些国际科学组织也设立了空间天气的专题委员会，特别是美国国家航空航天局制订了五个卫星计划来紧盯空间天气的变化，并已有太阳动力学卫星、辐射带的卫星成功发射，2018年计划发射"太阳探针"去看太阳；以美国为首的数十个技术发达国家组织"国际与太阳同在计划"，这是一个由应用驱动、聚焦空间天气的重大国际计划，中国已参加其中；2014年国际空间研究委员会和"国际与太阳同在计划"还共同制订了"了解空间天气、保护人类社会"的路线图来推进全球的努力；等等。

当前，空间天气研究正进入一个风起云涌的"春秋战国时代"，将空间天气的科学发展与服务社会发展的需求紧密结合起来开始成为一个发展主流。

## 四、空间天气科学为人类社会发展开拓新前景

### 1. 人类生存发展面临诸多重要问题

大家知道，人类的生存发展面临许多问题。

（1）全球变化。全球变化涉及全球变暖与碳排放的问题。太阳活动控制下的空间气候 11 年周期变化是地球上 11 年长期变化的一个重要调控因素，全球温度的长期变化与表征太阳总辐射能量的太阳常数之间存在变化趋势上的调制关系，但有时两者歧离很大，这可能主要是人类的活动所致。

（2）能源问题。天然的化石能源很紧张，我国石油 50% 以上靠进口，我国现在的能源消耗主要还是靠煤炭，67% 的能耗来自燃煤。如何向空间要能源？利用空间的太阳能发电是一种重要来源，也许还有空间其他形式的能量可以来帮忙，如太阳风能量、地球环电流能量及极光能量的利用等。

（3）灾害问题。空间天气也与地球上传统的短期灾害有关系。比如从统计上讲，台风的强度、火山的活动、厄尔尼诺等地球灾害现象都与地磁活动水平的变化有一定关系，也就和太阳风暴吹袭地球有一定的关联。当然，问题不是那么简单，因为有地球的大气、海洋和地壳本身的复杂过程等因素在里面，它们的关系就不是一个简单、线性或一看就会明白的关系，需要进行长期、综合的研究。

（4）安全的问题。空间的和平利用与军事化的斗争一直都是很激烈的。前面曾讲到南海我方战斗机被美方侦察机撞毁及其后续的搜救工作受阻可能引发对形势的误判，如果在"冷战"时期则可能引发局地的战争。但是，如果我们知道通信中断是空间天气问题，不是政府决策的问题，这种事件就会和平解决。所以空间天气对人类生存与发展面临的诸

多问题的解决也将做出积极贡献。

### 2. 和平利用空间受影响

太阳风暴袭来会使我们的空间环境大乱，和平利用空间会受到严重威胁。例如，原来我们的通信卫星在地球磁场的保护之下，当上千千米每秒的高速太阳风暴吹来，地球的磁层往地球方面被压缩了，通信卫星会处在地球磁层的外面而失去地球磁层的保护，增加了遭受带电粒子损伤乃至被摧毁的危险；通信卫星不安全了，太阳风暴一来，地球辐射带中原来带电粒子稀疏的安全区很快就被高能带电粒子填满，卫星若在这个区域就会受到轰击而毁坏；卫星导航有麻烦了，无线电通信利用的电离层有个 F2 层，通常在三四百千米高度上，太阳风暴一来，它的高度突然会下降数十千米到上百千米，这会导致 GPS 的导航定位产生非常大的误差，恢复也不是一两天的事；等等。有效和平利用空间是人类社会可以持续发展的重要方向之一。1957 年人造卫星上天，1959 年联合国就组织了和平利用外层空间委员会，有六十多个成员国，中国是 1980 年才成为正式成员的。现今空间天气也成为该委员会关注的专题之一。

### 3. 国家要高度重视

让科技引领中国的可持续发展，抢占未来经济、科技发展的制高点，就要大胆地探索空间，要有效进入并和平利用空间，大力发展空间和海洋技术，在空间科技方面取得原创性的突破，保证我国有效和平利用空间，高度关注海洋、空间、网络空间的安全，提高打赢信息化条件下局部战争的能力，等等。可以看出，空间的和平利用应该是我国发展的一个重要战略方向，事实上它也是全球经济发展的一个重要战略方向。我们要向空间要生存、要发展、要和平利用，发展空间天气科学就成为人类社会可持续发展、开拓战略经济新领域的一种基本需求。

### 4. 空间天气科学服务和平利用空间的前景广阔

空间天气科学是一个服务和平利用空间的科学，涉及的领域十分广泛，如航天、通信、导航、对地观测、临近空间、空间"高铁"、空天一体、空间生存、空间新能源、南海远洋、金融经贸、空间制造、空间采矿、极地利用等许多方面。那么空间天气科学怎么做贡献呢？我们现在的空间技术系统有空间站、北斗、嫦娥、通信卫星、空天飞机、无人机等，关键问题涉及诸多方面：①系统设计，如它的推进、气动、制导、热控系统等；②飞行影响，如轨道、寿命、通信、材料电子器件、健康与生命等；③效应分析，如在极端飞行与天气条件下的未知效应、过程与防护等问题。所有这些都需要空间天气提供科学的认知输入，把背景参数、变化规律、时变模式和突发事件等作为输入参数，还有把产生的各种效应的分析、相互作用、影响预测与应对等作为决策信息，同时还要将空间天气科学和其他科学结合起来构建和平利用空间的科学认知体系，把空间科学与空间技术紧密结合起来去解决空间技术系统中的关键科技问题。为了更容易理解空间天气科学服务和平利用空间，我再举几个例子来说明。

（1）空间"高铁"不是梦。飞机在对流层里飞行，大气的密度很高，飞机再提速到超高音速是非常困难的。如果我们把飞机的高度抬升到了三四十千米或五六十千米，大气的阻力就降到现在飞机所在位置的大气阻力的千分之一，甚至更低，我们就可以把飞机速度提升到高超音速，这样我们从纽约到北京只需半小时。当然问题不是那样简单，高超音速的飞行速度比声速快5~20倍，也就是说声马赫数高达5~20，这是一个了不起的速度。由此而来的空气动力的问题是非常复杂的，有发动机要在航空与航天环境中工作的问题，有克服"音爆"以让人感到舒适安全等问题，对此人们正在攻关。我相信没有做不到，只有想不到，我们正处在一个意气风发、自主创新的时代，空间"高铁"不是梦。

（2）空间有环保问题。现在近地空间（包括碎片在内）有2万多个目标在飞，其中卫星只占5%，就1000个左右，碎片对航天是非常危险的。未来十年，还会有上千个卫星上天，清除空间碎片将逐步成为一个重要的空间环保服务产业领域。若考虑防止小行星撞地球，更需要全球合作才能解决空间环境保护问题。

（3）空间太阳能发电站。空间太阳能发电站需要大面积太阳帆。据悉，日本人制作的太阳帆比十个足球场还要大，吸收的太阳光被转变为微波再发送到地球上来。这是一个空间能源装置，设计要求是长寿命，如工作30年。大家知道，在恶劣的空间天气条件下，长寿命是很难实现的。为什么呢？地球静止轨道环境业务卫星（Geostationary Operational Environment Satellites，GOES）曾记录到，一个太阳风暴来了以后，强的太阳质子流打到它的太阳电池上，电池效率就忽然下降，电池寿命就缩减了7年。若要碰上好几次太阳风暴，太阳能发电卫星就无法工作了。另外，太阳帆电池板的指向要保证指向太阳，这样才有最好的发电效率。再有就是，太阳电池阵中的二次放电会烧坏部分太阳帆电池板。太阳帆电池板的效率、寿命等都受空间天气的影响。

（4）还北京一个"APEC蓝天"。这个例子大家可能感兴趣。在北京，风一少雾霾就来了，风一来雾霾就吹走了。如何利用航天技术来造"风"消除雾霾？2013年桂林的全球华人空间天气科学大会上做了一个报告，探索利用三颗太阳同步轨道卫星携带大型薄膜反光面，把太阳光聚焦照到内蒙古冷高压的东南部，激发它的不稳定性，产生三四级西北风，就把雾霾送到黄海去了。不稳定性是什么呢？内蒙古冷高压相当于处在雪山顶的大雪球，诱发雪球滚下山，激发它的不稳定性。人造定向吹的风现在正进行技术攻关，对于它的可行性还有争论。我想人类总要迈出这一步去探索怎样影响、利用、控制地球天气和空间天气。当然，作为一个探索项目，新的问题总会不断提出来，创新就是在不断受挫折、遭受失败的过程中孕育的。我们应该勇于探索，允许失败。

上述这些例子里面有什么基本的科学问题呢？临近空间、空天环境认知，各类天气建模，多种相互作用机理、高超音速、超高温效应、精准通信、定位、跟踪、信息集成等，都涉及多学科交叉问题，都与空间天气科学的问题有密切关联。可以看出，发展空间天气科学不仅关系开拓和平利用空间的战略经济新领域，也关系到多学科交叉认知体系的建立与发展。

## 五、我国空间天气科学的进步

过去十年，我国空间天气科学取得了长足的进步，天基双星的探测与欧洲的Cluster卫星一起获得了国际宇航科学院的大奖。关于地基的监测，我们建成了"子午工程"。美国的科学家到中国科学院国家空间科学中心参观"子午工程"时很惊讶地表示，美国还没有这样的地面工程。

我国的基础研究开始站到国际前沿，利用外国卫星所做的研究成果曾连续两年位列前茅；我国的建模与业务预报能力也走到了世界前茅，备受关注；我国也牵头实施了国际空间天气子午圈合作计划，体现了一个大国应有的担当。这些都是我们进步的表现。此外，我国在空间天气科学领域的人才队伍也得到了快速发展。现在大概有 7 个实验室，研究人员（加研究生）都超过百人，国家自然科学基金支持的创新研究群体也有 7 个，国家杰出青年科学基金获得者有 30 余位；中国气象局的空间天气监测预警中心已经和美国的预报中心一起成为世界气象组织中空间天气协调组的联合主席单位，也开始为国家的重大需求服务，发布空间天气预报；等等。

未来十年，中国的空间天气科学要实现进入国际先进水平的跨越式发展。过去的十年，我们实现了大发展。再有十年左右的时间，我们总的目标就是要进入世界先进行列，成为有空间天气知识，具有保障空间安全、有效服务和平利用空间能力的国家。当然，要实现这个目标还需要国家的大力支持，特别是天基方面的空间天气卫星计划，这也是国家硬实力的表现。

## 六、结束语

人类进入空间时代，有效进出空间、和平利用空间、保障空间安全成为经济社会发展的重要驱动力；空间天气科学作为认知空间环境变化、应对空间天气灾害、保障空间安全、服务和平利用空间、开拓战略经济新领域的一门新兴交叉学科于 20 世纪 90 年代应运而生。虽然它是一门年仅 20 多岁的年轻科学，但它已经迅速成为国际科技活动的热点之一。它惠及一切人、一切事的时代开始了，要不了多久，你们会感知空间天气就在自己的身边。

青少年朋友们，空间天气变化有无穷的科学奥秘等你们去破解，和平利用空间有无尽的发展机遇等你们去抓住！

# 从 0.3 厘米说开去

## 朱玉贤

中国科学院院士，发展中国家科学院院士，著名植物生理学家，北京大学、武汉大学教授，博士生导师。1989年在美国康奈尔大学获得博士学位。他首次发现植物激素乙烯在调控棉纤维伸长过程中的重要作用，发现饱和超长链脂肪酸作用于乙烯信号的上游，而果胶多糖生物合成则位于乙烯信号的下游，揭示了棉纤维发育的分子机制。此外，他还是三个不同棉种——雷蒙德氏棉、亚洲棉和陆地棉基因组测序的主要完成人之一，为测序过程中棉花基因组的成功组装与注释做出了卓越贡献。

Zhu Yuxian

朱玉贤

今天我给大家报告的题目是"从 0.3 厘米说开去",跟大家讲讲棉纤维伸长的调控机制。

棉纤维是从棉花胚珠表皮分化形成的单细胞结构,长 1.5～3.7 厘米,平均直径 15 微米。我国是世界第一产棉大国,每年种植棉花 460 万公顷,占世界棉花种植点面积的 14%;产量(超过)450 万吨,占世界棉花总产量的 22% 以上,所以棉花单位面积产量很高,总产量也很多,纺织业因此一直是我国出口创汇的重要支柱之一。这也是以美国为首的西方发达国家一定要对我国纺织品出口加以限制的根本原因,他们害怕我们垄断了世界的纺织业。但是,我国的原棉品质偏差,纤维平均长度偏短。我国原棉平均长度大概为 3 厘米,美国的是 3.3 厘米,这 0.3 厘米导致我们每年要从美国或南美进口大概 1/3 的原棉,掺进去才能纺高支纱棉布。随着生活水平的提高,人们对衣着质量的要求也越来越高,高支纱棉布已成为纺织厂的龙头产品。我们就是希望通过分子生物学研究,找到控制纤维伸长的基因或代谢通路,使我国的棉花纤维品质得到显著改善。在这个项目之前,棉纤维细胞伸长的生理或分子机制并不为世人所知。所以,通过细胞生物学、生物化学和分子生物学的研究,阐明纤维长度的最终决定因子,研究并获得调控纤维细胞伸长的关键基因或关键代谢途径,是本领域的核心科学问题。

## 一、乙烯调控棉纤维细胞伸长的分子证据

图 1 左边的是陆地棉棉铃里的 1/4 块,右边是一个突变体,叫 Fuzzless-lintless mutant,即没有长绒没有短绒的突变体,这个不是毛被剥光了,而是生来如此,天生就是没毛的。我们想通过对这个有毛的野生

型棉花和无毛的突变体的研究，来找到纤维发生和伸长的一些关键因子。

（a）陆地棉　　　　　　（b）无长绒无短绒突变体

**图 1　棉纤维细胞**

我们大概是在 15 年前做了一个基因芯片。首先我们找到了 29 900 多条棉花的 EST——表达的基因序列，然后做了一个 12 000 多个独立基因的芯片。当年做芯片的时候，全世界都在找单个差异表达基因，就是说芯片上有毛和没毛一杂交，有毛的那个 RNA 样品中如果有三五个基因表达高，那这三五个基因就有可能是决定纤维伸长的基因。结果一做这个芯片杂交，发现有毛和没毛的一比，有几千个基因表达显著升高。

我们来看数量比较，纤维快速伸长期诱导表达超过 2 倍的棉花基因（独立转录本），0 天比 –3 天增加了 100 多个，3 天比 –3 天（–3 天是指开花前 3 天，3 天是指开花后 3 天，开花后 3 天开始有纤维长出来）增加了 400 多个，到 5 天的时候有 2000 多个，到 10 天的时候有 4000 多个，加起来一共有四五千个基因在开花的时候显著高表达。

此外，还有一些纤维快速伸长期表达显著受到抑制的基因，这些开花以后纤维伸长期表达降低的基因，也可能参与纤维伸长的调控。也就是说，只有这些基因表达被降下来了，纤维才会伸长，所以这部分基因也与纤维伸长有关。这么一加的话，等于一万多个基因的芯片里有七八千个基因是跟纤维伸长相关的，也就是说这个芯片失败了，做了跟不做一样！我们一下就着急了，花了国家几十万元的科研经费，结果把实验做砸了。几经研究，我们决定找一些做生物信息学的学者，想从这个浩瀚的芯片杂交信息里找到跟纤维伸长生长相关的信息。

他们做了一个 KOBAS 软件，这个软件不是用来分析高表达和低表达的单个基因，而是专注分析纤维伸长期特异性高表达和低表达的生化途径。这样一分析，我们发现乙烯生物合成这个途径是整个芯片里面最显著上调的途径，而以前一直认为与细胞伸长相关的生长素生物合成（Auxin biosynthesis）、赤霉素生物合成（Gibberellin biosynthesis）基因在转录水平上没有变化。有点儿怪，居然是植物激素乙烯跟细胞的衰老、脱落、抗逆性有关，但我们从来不知道它跟纤维伸长有关。

具体分析参与乙烯合成的基因，发现芯片里面主要是三个 *ACO* 基因，是乙烯生物合成途径中倒数第二步的酶。

*ACO1*、*ACO2*、*ACO3* 这三个基因都是在纤维快速伸长期（开花后 5 天）开始表达，10～15 天最高（其中有两个是 15 天最高，一个是 10 天最高），其表达模式与纤维快速伸长是完全吻合的。而没毛的 FL 突变体中这三个基因完全没有表达。另一个基因 *ACO4* 没有通过芯片的质检，因为 *ACO4* 的表达在野生型里虽然有所提高，但在 FL 突变体中同样也有提高。另外，*ACO1*、*ACO2*、*ACO3* 不光在纤维发育时期显著高调，而且这三个 *ACO* 基因具有显著的组织特异性表达模式。

如果拿根、茎、叶样本来看，这三个基因都没什么表达，突变体 FL 中没表达，野生型 0 天的胚珠里也没有表达。在开花以后 5 天的胚珠（叫做 O+F，胚珠加纤维）中有高调，如果把这个胚珠跟纤维分开，则会发现三个 *ACO* 基因在纤维里表达非常高，而在胚珠里却没有表达。所以这三个基因都是特异性在纤维细胞中表达。

那么，这三个基因表达是不是能够真的导致乙烯合成，并导致细胞中乙烯超量释放呢？我们做了一个组培实验，把棉花胚珠放到试管里培养 12 天，同时把棉花种子放在玻璃瓶里发芽 12 天。

从实验照片看，在营养组织中，无论野生型还是突变体，都不显著释放乙烯。突变体的胚珠培养 12 天，也没有乙烯释放，没有纤维伸长；野生型胚珠培养 12 天，有大量的乙烯释放并伴有极显著的纤维伸长。野生型胚珠中乙烯的释放能够被氨氧乙基乙烯基甘氨酸（AVG）抑制剂所抑制，AVG 在体内阻断了乙烯的合成和降低了 ACO 酶的活性，导致胚珠中不能合成乙烯，说明乙烯的释放与 ACO 酶的活性完全呈正相关。

有人肯定会说，朱老师你现在让我们知道你克隆了三个乙烯合成倒数第二步的关键酶基因，这三个基因本身可能是有活性的，但我们仍然不知道如果在外源施加乙烯，对纤维伸长会不会有促进作用。那我们再来做一个实验。这个试验中，我们将胚珠培养在试管里，如果什么也不加，在只含有蔗糖的培养基中培养 6 天，这个棉花胚珠可以长出 0.2 毫米左右的纤维；如果加上 0.01～0.1 微摩尔乙烯，它的长度从 4 毫米增加到将近 6 毫米，比什么都不加有 3 倍以上的长度变化，表明乙烯确实能显著促进纤维伸长。而胚珠的体积几乎保持不变，说明乙烯只能促进纤维细胞的伸长，但是不影响胚珠细胞生长。再把这个实验倒过来做，我们在培养基中加入乙烯生物合成的抑制剂 AVG，培养 14 天。在含有 0.1～5 微摩尔 AVG 的试管内，我们可以清楚地看到，0.1 微摩尔 AVG 能显著抑制纤维伸长，1 微摩尔或 5 微摩尔 AVG 都能完全消除纤维伸长。也就是说，乙烯合成的抑制剂 AVG 只能抑制纤维细胞伸长，但是不影响胚珠细胞生长。

还有最后一个问题，实验中所克隆的这三个 *ACO* 基因本身有没有功能呢？我们分别把这三个基因克隆并表达到酵母细胞内，*ACO1* 加上 GAL-induced 的启动子，发现酵母本身不会把乙烯的前体 ACC 催化成乙烯，而加上这个酶以后，就能够产生乙烯了。酵母里有 *ACO* 基因但没有加 GAL 诱导，不能产生乙烯，而加上 GAL 诱导之后，我们发现有一个巨大的乙烯峰。进一步发现三个基因都可以在酵母里诱导产生乙烯的表达。

总结一下这部分的数据。芯片杂交表明，植物激素乙烯生物合成途径，在棉花纤维发育早期显著地上调，外源乙烯导致棉花纤维显著伸长，三个棉纤维特异表达的 *ACO* 基因都具有在体外合成植物激素乙烯的功能。

## 二、超长链脂肪酸（VLCFA）通过调控植物激素乙烯的生物合成影响纤维伸长

我们在分析芯片数据的时候发现，乙烯合成是整个芯片里最显著高调的途径，而脂肪酸合成和延伸是另外三条同样高调的途径之一，是并列第二的途径。

关于脂肪酸合成，我们在 2003 年的一篇文章里面，做 cDNA 减法文库的时候，发现脂肪酸代谢是这个减法文库里比较高的一条途径，那篇文章的 SCI 引用一直非常高。

我们当初认为，脂肪酸可能作为细胞膜的成分，是建房子的 building block、房子的砖瓦，所以认为这可能是材料，但是到这个芯片发表之后，觉得好像事情不是那么简单了。既然脂肪酸有这么重要的作用，两次实验都出现，很可能是植物激素乙烯调控超长链脂肪酸的合成，导致纤维伸长。先着急做一个实验，看看超长链脂肪酸或长链脂肪酸对纤维伸长有没有作用。我们依样画葫芦，在胚珠培养试验中加上 5 微摩尔的长链脂肪酸（long chain fatty acids, LCFA）或超长链脂肪酸（very long chain fatty acids, VLCFA），发现加上 5 微摩尔的碳 14、碳 16、碳 18 的长链脂肪酸，这些长链脂肪酸对促进纤维伸长几乎完全无效，长度检测分别为 3.8 厘米、3.7 厘米、3.9 厘米、3.8 厘米，跟对照一样；而加上 5 微摩尔的超长链脂肪酸、碳 20、碳 22、碳 24、碳 26、碳 28、碳 30 的超长链脂肪酸，我们发现都有比较显著的纤维伸长，从 3.8 厘米变成了 4.2 厘米，这个还不显著，但到 4.6 厘米长度时差异就显著了；加碳 24 超长链脂肪酸，纤维增长 7.2 厘米，长度几乎翻了一番左右；加碳 26，纤维长度 6.1 厘米；加碳 28 和碳 30，差别又变小了（图 2）。这儿有一点说明，越长链的碳越难通过细胞膜进入细胞内部，所以我们现在还不知道，究竟是链越长效果越差了呢，还是因为链越长，这个超长链脂肪酸进入细胞内部的效率越低，导致它的促进效果变弱了。单从图 3 看，碳 24 具有最显著的促进伸长的效果。

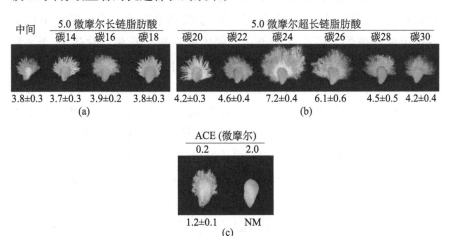

图 2　超长链脂肪酸是控制棉纤维伸长发育充分和必要条件

碳24 (5 微摩尔)　碳16 (5 微摩尔)　　中间

**图3　超长链脂肪酸对纤维增长的促进作用**

我们再找到一个超长链脂肪酸合成的抑制剂，叫 Acetochlor（ACE），拿这个 ACE 来做实验。把 ACE 放到带有活体胚珠的试管里，ACE 浓度达到 0.2 微摩尔时对纤维伸长就有非常显著的抑制作用，ACE 浓度达到 2 微摩尔时纤维就完全不能伸长了。那么现在其中一个试管里全部先加上 2 微摩尔的 ACE。另一个试管里没加 ACE，所以纤维正常伸长，培养 6 天后达到 3.8 厘米；加上 2 微摩尔 ACE 之后，如果没有加超长链脂肪酸，纤维都没了；加入 5 微摩尔的碳 14、碳 16 或碳 18 的长链脂肪酸，一点儿促进效果都没有，仍然完全没有纤维；加入碳 20、碳 22、碳 24、碳 26 的超长链脂肪酸，纤维都长出来了，加 5 微摩尔的碳 24，在 2 微摩尔的 ACE 的基础上，纤维几乎恨不得比对照还长。所以，超长链脂肪酸是控制棉纤维伸长发育的充分和必要条件。

加入超长链脂肪酸能显著促进纤维伸长，如果把它的合成抑制了，纤维就不伸长了，而 ACE 对纤维伸长的抑制作用完全能被外源施加的超长链脂肪酸所抵消。那现在我们还想看一下，超长链脂肪酸是只影响纤维细胞伸长，还是同样可以影响其他细胞？我们看一下拟南芥这个模式植物。拟南芥种子在半固体培养基上发芽，发芽 12 天，它自己可以长到一个长度。如果在培养基里加上 5 微摩尔的碳 16 长链脂肪酸或 5 微摩尔的碳 24 超长链脂肪酸，我们一下就看出差距来了。培养基中什么也没添加或添加了 5 微摩尔 16 碳脂肪酸时，它们的根毛、侧根和主根的长度几乎完全相同。但是，如果在培养基中添加 5 微摩尔的碳 24 超长链脂肪酸，这些拟南芥的主根、侧根、根毛都有显著地伸长，说明超长链脂肪酸不光影响纤维细胞，还能影响大部分拟南芥根细胞的伸长。

做到这儿的时候，同学们可能不愿意了，说朱老师你不能先做一个实验说乙烯重要，再做一个实验说超长链脂肪酸重要，到底哪个对细胞伸长重要啊？我们当然一定要把这个机制或先后顺序弄清楚。当时我在实验室里面说，既然超长链脂肪酸这么重要，既然乙烯是整个代谢网络里面最显著高调的生化途径，那肯定是植物激素乙烯调控了超长链脂肪酸的合成。我们先把能够从芯片里面找到的参与超长链脂肪酸合成途径的基因全都克隆出来，用乙烯刺激试管培养中的棉花胚珠，用 PCR 检测来看看哪些超长链脂肪酸合成基因受到乙烯的调控。实验发现，无论我们用什么乙烯浓度、在什么时间节点、处理什么样的棉花胚珠、处理多长时间，我们所克隆的超长链脂肪酸合成的关键酶基因的表达都没变化。后来，把实验倒过来做。在胚珠培养的试管里加上 5 微摩尔的超长链脂肪酸，检测乙烯合成基因的表达强度。这下我们发现几乎所有的 *ACO* 基因都受超长链脂肪酸调控，4 个基因中 *ACO1* 和 *ACO4* 在加入乙烯 30 分钟后表达就显著上调，加入乙烯处理 24 小时后，4 个乙烯合成基因全都显著高调。*ACO1* 的表达量提高了几乎 2000 倍，*ACO2* 提高了 180 倍。居然是超长链脂肪酸在转录水平上调控乙烯合成基因的表达！这是一个从来没想到的结果。

这个时候我们再来做一个两星期的较长时间的胚珠培养试验，看看纤维的长度和乙烯的释放。2 天、4 天、6 天、8 天。要在 7 天的时候再加入 50% 的 ACE，以保证该试剂没有被彻底降解。我们已经知道一旦培养基中有这个抑制剂，则纤维完全不能伸长，长度几乎是零。对照组中什么也没添加，纤维细胞缓慢伸长，培养 14 天后纤维长度达到 0.8 厘米左右；加入碳 16 后纤维伸长跟对照组几乎一模一样，长度也是 0.8 厘米左右；加入碳 24 的超长链脂肪酸，两天后我们就发现纤维显著伸长了，到 14 天时，胚珠上有将近 2 厘米的纤维。我们再看乙烯的释放，大概在加入 5 微摩尔的碳 24 超长链脂肪酸，组培 3 个小时后，我们就能观察到显著增加的乙烯释放。这儿有一个巨大的乙烯释放信号，一天到两三天的时候，超长链脂肪酸处理组胚珠培养中释放的乙烯总量明显高于对照组，而且乙烯的释放和纤维伸长完全是吻合的。

## 三、结论

通过该项研究，我们首次发现乙烯在棉进一步运用基因工程手段，提高 *ACO* 或 *KCS* 的基因表达强度，可能提高我国棉花的产量和品质，为纺织工业提供优质的原材料。

# 信息丰富时代的控制科学

## 黄 琳

中国科学院院士，控制科学专家。1935 年 11 月 30 日生于江苏扬州。1957 年毕业于北京大学数学力学系，1961 年毕业于北京大学数力系（研究生）。现为北京大学力学与工程科学系教授。2003 年当选为中国科学院院士。

主要从事系统稳定性与控制理论方面的研究。给出现代控制理论中的单输入系统极点配置定理，二次型最优控制的存在性、唯一性与线性控制律。建立输出反馈实现二次型最优控制的充要条件，指出一般情况下该问题无解。首先给出稳定多项式其凸组合保持稳定的充要条件。与合作者一起给出了分析多项式族稳定性的棱边定理，有效地降低了计算复杂性。给出更基础的边界定理，相继提出值映射、参数化等概念，形成了一套系统的理论体系。在鲁棒控制前沿领域，控制器与对象同时摄动问题、积分二次约束问题、模型降阶问题、非线性系统总体性质等方面指导开展了研究工作。

Huang Lin

黄　琳

今天讲的是信息丰富时代的控制科学。我想做一个小说明和重点讲三个问题。一个小说明是想谈谈控制科学的定位，这是目前我们思考的问题。三个问题：一个是控制科学面临的现状分析；一个是信息丰富时代控制科学面临的新局面；还有一个就是要迎接这个局面，我们要抓住机遇，从控制的科学大国向科学控制的强国转变。

## 一、控制科学的定位

控制科学可以从三个方面进行定位。首先，它是技术科学（曾称工程科学）；其次，控制科学区别于其他技术科学一个很重要的特点是它属于使能科学，也就是说，很多事情本来是不能实现的，控制加进去后这些事情就能实现了；最后，因为技术科学的覆盖面非常宽，使能科学也有各种各样的内容，控制科学在讨论问题的时候，是从信息科学这个角度来做的。在今天这个新的信息丰富的时代里，控制器设计的核心应该是计算机的算法。

## 二、控制科学面临的现状分析

关于这方面，今天和大家谈三个问题：一个是，控制科学的发展是不是面临着一个新的时代，这就要分析控制科学发展到现在的历程；一个是，这个新的时代会有一些什么新的特征；一个是，迎接这个新时代，我们应该有些什么考虑、做哪些思想准备。

控制科学过去的发展有两个阶段。一个叫作经典控制，一个叫作现代控制。大致在20世纪60年代以前，推动经典控制的一个力量是工业控制。工业化、机械化、电气化这些都和控制紧密相连。从运动体来讲，飞机、轮船、汽车等都涉及控制的问题。这样一来，就推动了要为工程服务的经典控制理论的发展。经典控制理论的特点可以用两句话进行简单的概括。一个是理论不太完整，一个是工程上很有用。因为这个理论可以把工程单变量控制的很多品质要求直接通过设计手段来实现，如过渡过程时间、超调量、振荡次数等。

从20世纪60年代到现在，理论获得了很大的发展，工程也得到了很大的发展。但这两条路合少离多，真正在一起碰撞，拿现代新的理论来指导工程，相对比较少，它们是各自发展起来的。

举理论的例子来说，现代理论提出多变量以后，就出现了数学模型的一般化和性能指标的一般化。用数学支持的理论得到了很大的发展。就是说，因为它是按照数学模型划分的，所以它会有几个数学的门类来支撑它，因为它受数学体系的支撑，所以这种研究本身与工程的直接应用中间还会有一段距离。

在这种状况下，有一个现象，如软件支持的现代控制理论里面有两块，一个叫 H∞，一个叫 LQ 控制。因为这两个控制是为了使控制系统具有很好的品质，所有的书上都讲这两个加权矩阵是起关键作用的。

再举一个例子。20世纪30年代开始兴起关于非线性振动的问题。那么很多非线性由于自身在工程上有很多特殊的地方，如干摩擦、磁滞回线、间隙、饱和等，是不可求微商的非线性问题，甚至是多值的。

但是研究控制的不一样，首先要解决控制问题。

什么数学工具好，就用什么。而且，把问题抽象成一个数学模型，在理论上将它严格证明以后，控制系统能不能用是不能十分确定的。为什么呢？因为抽象出来的模型跟实际的东西是不一样的。所以它就必须经过仿真、半物理仿真一直到实验的检验。

这种区别使得这两个方面平行地发展。这实际上也得到一个结论，就是离开数学是万万不能的，但是数学也不是万能的。

数学对控制科学的发展做出了非常卓越的贡献。其中，最基础的是最大值原理。此外，数学起的更大作用应该是在演绎、推导和一些具体控制问题的证明方面。在今天这个信息丰富的时代，到处都要用计算机，针对控制问题的算法可能是研究理论的专家和研究工程的专家的一个新结合点。

由于工业生产过程的大型化、连续化、自动化，要求系统的某些性能是最优或次优的，对环境的变化有一定的适应能力，并且满足现在的节能、减排、低耗、高效等要求。这个时期的工业控制已经不是单变量控制了。它没有等把理论建立起来，已经自行往前发展了。那么它怎么做呢？比如 PID 芯片化，我们把包括工业控制的很多经验封装到芯片里面，有一套软件支撑就可以做仪表和控制的智能化，等等。因为人类要往前进，这个学科不可能要等那个学科做了什么事情才能做，所以工业控制得到了很大的发展。

在运动体控制上也是这样。以航空航天为例，现在一是要求自主的，不依靠外部的信息；二是要求高速度、高马赫速；三是要求高精度；四是要求大空域，能够兼顾航天航空；五是要求稳定又机动，可靠、安全，既能打又能躲；六是要求能群体配合，分层和多自主体。

回过来看，可以说理论和工程都得到了非常大的发展。

### 三、信息丰富时代控制科学的新局面

对控制科学来说，这个信息丰富时代的特征概括起来有以下三点：第一个是计算的能力空前提高，第二个是廉价的数字传感器得到普及，第三个是通信技术的发达。那么，在信息丰富时代，控制科学就面临着这样一些新情况：第一，它的工作环境是新的；第二，它产生了一批新的控制对象；第三，信息丰富时代所提供的丰富的、好的工具，使得控制科学有可能向别的领域去扩张，开拓到别的领域里去发挥自己的作用。

#### 1. 信息丰富时代控制科学的新环境

我们先来谈谈新的环境。新环境不只是工业生产方面的。那么这样一来，网络化环境下的控制首先涉及巨大的信息采集数据量，用数据链技术来联系各个子系统。同时，信息本身又是多样化的，物理参数是信息，图像是信息，知识也是信息，规则也是信息，等等。所以信息的多样化和信息量的巨大就要求我们进行信号处理与控制的结合。这样的话，如信息融合的技术、信息挖掘的技术、传输过程保密时采用的信息隐藏的技术等，这些对控制的影响究竟是什么？我们至少应该把它弄清楚。

过去在讨论控制科学作为信息科学的时候，我们不怎么考虑信息传递的限制，因为所有的信息通道都有它的容量限制。

比如带宽，由于网络化的环境产生了很多变化。有时候信息是拥堵的，有时候会丢包。因为网络化传递是按照它的效率来做的，那么很可能后面的信息却先到了。这类问题究竟对控制科学产生了什么影响，都是值得研究的。当然，信息化、网络化后还存在黑客攻击控制系统的问题，这些还是新的问题。因为信息变得很丰富，但控制命令不能丰富，控制命令都应该是相对简单的。所以，怎样从中提炼出控制命令，这个信息过程显得非常重要。

### 2. 信息丰富时代给控制科学带来的新对象

信息丰富时代控制科学面临的第二个新局面就是产生了新的对象。第一个新的对象是控制网络。物理网很多，如电网、交通网，这些都是网。那么要管好这些物理网，控制好这些物理网，跟物理网平行的一定有一个信息网。通过管理、控制这个信息网来控制这些物理网络。这个控制网络是节点加上信息联系的拓扑结构合起来组成的。

目前的网络控制有两类。一类叫作稳态控制，这个网不出大事，一般是比较稳定的，但是一旦它偏离了就需要对它进行控制。这个研究得比较多。但是网络的问题，严重的恰恰不是这个方面，严重的是暂态问题，就是大的冲击使得它离开了这个稳态。一离开这个稳态会发生什么呢？很可能产生网络崩溃。美国的几次大停电都反映了这个问题。

另一类跟网络很相似，叫作多自主体。这个是什么意思呢？就是很多系统，单个都是独立的动力学系统，但是它们之间有信息交换。这种系统一般不具备中央控制能力，由于测量本身受限制，每个自主体获取的信息经常只是它自身周围的信息，而不能把全体的信息拿到。

这样一来，自主体主要依据局部的信息自身进行控制。在保证个体性能条件下，如何维持一个整体的性能应该说是非常有用的，背景也很清楚。比如多战车的协同作战就遇到了这样的问题。因为不可能对每辆战车、每个时间都去下命令。

### 3. 信息丰富时代给控制科学提供的新工具

在信息丰富时代，控制科学就可以向别的领域去扩张。比如怎么用脑电波进行控制。这个就好像大家过年过节的时候，人家说祝你心想事成，只要一想它就实际操作了（图1）。比如量子控制，就是把控制深入到微观世界里进行研究。

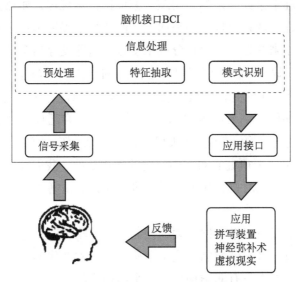

**图 1 用脑信号控制——心想事成**

这里面有很多新的特点。有一些事情是我们可以想象的，比如一些大尺度的系统，我们是不是可以把控制应用进去。例如，天气、能源资源方面，控制应该已经在里面发挥作用了。类似的，环境、金融这些领域都不是传统的工程领域，但是控制往这些方向发展，将有可能促使这些领域发生一些变化。

### 4. 信息丰富时代给控制科学带来的核心工具

在整个信息丰富时代，控制科学的关键在于计算机。计算机的发达就是说大数据，当然现在工程里面的控制可能还达不到媒体上炒作的那个大数据。我们的数据量可能达到拍字节（PB），达到艾字节（EB），达到泽字节（ZB），但是大概不多。大家都知道，一个拍字节（PB）是1000个太字节（TB），一个艾字节（EB）是1000个拍字节（PB），一个泽字节

（ZB）又是 1000 个艾字节（EB），我们目前的工程里面的数据量可能还没达到这样的级别。但是现在，大量的数据产生了，那么就会涉及应该把数据融合、信息挖掘、信息加工跟控制结合起来进行研究的问题。

谈到计算机，有两件事情要谈。一个是人工智能，当然总的人工智能涉及的内容很广泛，我想着重谈谈智能算法。概括起来讲，智能算法有不少都是物理学家弄出来的。物理学家根据自然规律，如热力学方面的温度降温过程、观察蚂蚁去找东西吃，就能从中提炼出一个算法。这个算法不是由原来的数学、微积分或平衡方程这些支撑出来的。这些算法有很多，包括蚁群算法（模拟蚁群觅食）、神经网络（搭建神经网寻优）、元胞自动机算法（元胞自动机、启发式算法）、遗传算法（优胜劣汰、适者生存）、模拟退火（模拟经典粒子系统降温）、自适应迭代算法（迭代过程考虑自适应）等，这些算法很多都属于软计算，也属于智能算法。

我们可能需要研究它对控制问题的适用条件。我们需要研究这些算法在与控制结合的时候，应该怎样改进。应该着重解决一些很复杂的控制问题。

还有一个现在叫做数据驱动的控制。数据驱动就是直接利用系统的输入、输出数据来实施控制。这个本质上是一种迭代学习的控制与决策方法。因为数据本身有非结构化的、半结构化的和结构化的之分，这些数据的利用过程的实现难度是不一样的，如果把结构化的数据当做非结构化的数据来用肯定会造成资源浪费。那么，现在的问题就是数据的结构化在数据驱动的过程里面、控制里面起什么作用。

还有一个问题，一些数据驱动的理论结果令数据驱动又回到了稳定性、收敛性的证明，这个证明本身也在数据驱动的系统里面定义了 Lipschtz 条件。事实上，在动力学系统描述有明确模型的系统里面，人们已经开始在怀疑收敛性、稳定性与实际问题的差距。

## 四、迎接挑战，实现向控制科学强国的转变

大家都知道，在经典控制时期，除了少数的国外留学生有一些贡献以外，基本上中国人在这个理论领域做出的贡献不大，得到的成果也不多。

至于现代控制理论，我们的起步还是不错的。改革开放以后，我国

发展非常迅速。应该说，按照现在的状况，我国是一个论文大国，参加控制科学研究的人很多。

但是还是有一些问题的。一个是原创性，应该说有，但是还不是很普遍。一个是重大装备控制器仍然是瓶颈。所以，看起来我们的控制科学研究有很大的发展，做出了很多贡献，但我国距离控制强国的差距还是有的。

我提几点意见。第一个意见是应该切实做好控制理论中的关键问题的研究：①应该找好问题，也就是要找理论和应用中的瓶颈问题，通过解决一个问题来带动一小片甚或是带动一大片；②要解决新形势下我们面临的新的控制问题；③要跟踪国际上真正有价值的方向；④反思一下现有的控制理论和现在的工程实践的差距。另外，有一些认识问题需要解决：①不是什么好出文章就做什么；②不是外国兴什么我们就干什么，我们是一个大国，应该走自己的道路，沉下心来，甘于寂寞，有长期打算。这样的话，我们可以从论文多和人员多的这样一个大国转变成原创多、系统性的工作多、重大的应用多、有自主知识产权的多的控制科学强国。

第二个意见，就是组织力量解决重大装备控制器的设计问题。其一是要重视模型的研究，研究面向控制的模型、验证的模型和模型评估；其二是要重视算法研究，控制器的关键是算法，算法必须实时，还有要注意软件配套和自主知识产权问题；其三就是应该抓几个一体化，如在运动体方面（当然也不只是运动体），以航空航天为例，导航、制导、控制的一体化，管理、决策、控制的一体化，计算、通信、控制的一体化。

## 五、要重视多学科的交叉

控制科学要真正实现只能通过多学科的交叉这一条路径。首先，在实现控制系统时总要交叉；其次，任务的综合性要求相关学科交叉配合解决高超声速飞行控制（控制、气动、材料与结构等）；再者，将控制的思想、理论与方法应用于非传统控制领域，如脑控、医疗、量子、生物、大气、环境、金融、社会安全等；最后，要想交叉出成果，必须互相学习、互相渗透，产生共同语言。

# 航天飞行器控制领域前沿问题及面临的挑战

## 包为民

中国科学院院士，制导与控制专家，中国航天科技集团公司科技委主任。1960 年生于黑龙江省哈尔滨市。1982 年 8 月毕业于西北电讯工程学院电子工程系信息处理专业。现任国家某两个重点工程总设计师，兼任总装备部精确制导专业组副组长和《计算机工程与设计》期刊编辑委员会委员。2005 年当选为中国科学院院士。

作为我国航天运载器总体及控制系统领域的学术带头人，他将理论知识和实践工作相结合，为我国国防现代化建设解决了一系列技术难题，是国防科技工业有突出贡献中青年专家。

Bao Weimin

包为民

这里涉及的航天飞行器主要指进入空间的运载火箭和空间飞行器，这类航天飞行器涉及的一些控制理论和问题是当今世界控制领域研究的热点，具有前沿性、基础性、综合性，使其成为支撑我国航天事业未来发展的综合科技领域之一。

导航制导飞行器的控制，我们可以称之为导航、制导与控制。这个学科作为一个独立学科发展，可以追溯到"阿波罗"载人航天计划那个年代。近几十年来，导航、制导与控制又被美国列为高超声速五大核心技术之一。这也凸显其是非常重要的一个学科。

下面我和大家进行一些交流。

## 一、概述

进出空间、增强控制、实现天地往返一直都是世界航天大国、航天科技工作者关注和发展的目标及重点方向。各种先进航天器的研究计划，包括新概念的空天飞行器计划，也被列入大国发展的规划。应该说，这些规划取得了很大的进展。

美国国家航空航天局（NASA）在 2002 年就提出了空间发射倡议（SLI）计划，还提出 2025 年载人登陆小行星的计划和 2030 年载人登陆火星并安全返回的计划。空天飞机、空天飞行器这一块儿，美国人也提出来可以重复使用的轨道试验飞行器（X-37B）。此外，为了登陆火星和重返月球，美国提出成员探测飞行器（CEV）计划。俄罗斯也在研究多用途的空天系统的计划（MAKS），欧洲空间局（ESA）也在研究过渡试验飞行器（IXV）。

NASA 这个空间发射倡议计划（图 1）的主要目的是开发一个更新、

更安全、更可靠、成本更低的发射系统，主要是研究运载火箭，特别是可重复使用的运载火箭，以及其他相关的先进的制导控制技术，实现自由、可靠、低成本地进入空间，这是它的计划宗旨。

图 1　NASA 2002 年提出的空间发射倡议（SLI）计划

2010 年美国公布的《国家航天政策》里也明确提出，在 2025 年要实现载人登陆小行星，2030 年要实现载人登陆火星并安全返回。这些同时提出来，对深空探测，对导航、制导与控制又提出了更新、更高的要求。

图 2 是最近大家比较关注的 X-37B。X-37B 两架次的飞行都获得了圆满的成功。这个飞行器的研制和实验的成功，标志着实现了从航天飞机需要地面支持才能完成飞行控制，跨越到无人的空间变轨飞行和自主返回导航制导与控制技术方面的巨大突破。

图 2　X-37B

另外，"猎户座"计划，也就是 CEV 成员探测飞行器计划的探测器原本预计在 2013 年 7 月发射，计划首先作为国际太空站的救生飞行器，其次作为外地球轨道飞行器，将有能力扩展为访问近地目标（NEO）、火星及其卫星福布斯。当然这个计划已经大大推迟了。但是，它还是为这些计划，如提出来要登陆火星、返回制导控制包括近地目标相对制导等，都做了很多的研究和带动。这个计划带动了很多东西。

图 3 是欧洲研究的一个过渡试验飞行器（IXV）。欧洲空间局计划先从非洲向南太平洋发射一个货运的实验飞船。

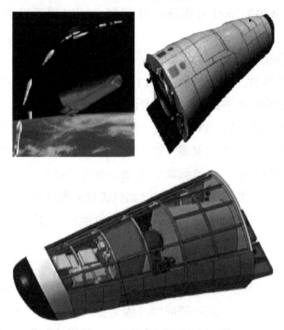

**图 3　欧空局过渡试验飞行器（IXV）**

## 二、我国航天飞行器控制领域面临的挑战和问题

我国这几年做了一些大的发展和规划。这些重大工程对控制系统（或控制科学）提出了新的挑战，就是如何可靠、低成本、快速地进入空间的控制问题。空间飞行器也遇到了一些控制问题。

那么这些控制领域面临的挑战和问题是什么呢？经过了 50 年的发展，我国的运载火箭已经形成了系列，但还存在很多不足，这些不足主要表现在三个方面。

第一就是运载火箭应对故障的能力存在不足。例如，我们前几年给欧洲发射了一颗帕拉帕 -D（PALAPA-D）通信卫星时，就因为发动机的一个故障，导致推力下降，结果由于控制系统不"强壮"、不鲁棒，没有把这颗卫星送到预定的轨道，最后通过多消耗卫星里储存的燃料，即靠卫星自己把其送到预定的轨道，使卫星的寿命损失了 5 年。这说明我们火箭的控制系统应对故障的能力不足。

第二就是我们的发射成本和经济性还有待进一步提高。现在我们的火箭成本和经济性方面还存在问题，所以说要发展重复性使用技术。

第三就是我国的火箭对发射任务的适应性不够。我国很多火箭在执行很多发射任务时，对发射的零窗口要求非常高。所以这时显得我们导航制导与控制的方法不具备对发射窗口的敏感性的适应性。

也就是说，我们的一次性运载火箭主要面临三个方面的挑战。

这个挑战，我再给大家展开讲一下。第一个挑战就是怎么降低环境载荷影响的控制问题。环境载荷怎么跟控制有关系？大家知道，一枚火箭以一定的速度在大气里飞的时候，如果这枚火箭和风存在一定的攻角，那么它就会产生一定的结构载荷。这个攻角越大，速度就越高，动压也越高，它的结构载荷也越大。如果这个攻角大到一定的程度，速度快到一定程度，使得结构载荷超过设计值，这枚火箭就可能被折断。最好的办法就是通过控制使风攻角等于零。风攻角等于零，那么结构载荷就等于零了。这个也是我们面临的问题。因为传统的第一代火箭的风攻角控制是开环的，其中涉及攻角的传感器以及一些算法问题。所以说，传统的方法是不适应的。

第二个挑战就是对故障的诊断与应对能力。致命性的故障，我们现在的控制软件和算法，还不能适应和自主处理。因为它的实时性很高，不像卫星。卫星失控了，只要不掉下来，那么地面就可以进行故障定位，然后可以把这个系统重构，发指令上去让它重构，以恢复卫星的姿态等，这些是我们可以处理的。但是一旦火箭点火起飞，整个发射过程就那么几百秒。如果火箭出现了故障，姿态一发散，我们还没来得及处理，它就掉下来了。所以这个问题就跟卫星不太一样。

第三个挑战就是发射窗口强约束的制导问题。因为很多发射任务对发射窗口的要求很高，而发射系统又非常庞大，所以各个系统中如果有一个系统出故障，就不能保证零发射窗口，如我们要求 9 点 00 分 00 秒发射，它就保证不了。这个保证不了会带来什么问题呢？以载人航天交会对接为例。载人航天交会对接要求把飞船送到深交点，轨道入轨精度要求是 0.1 度。因为火箭在地面上还没到惯性系统里去，那么这时如果推迟 1 秒就会因为地球自转转过去 15 角秒（即千分之 4.16 度）。而火箭和飞船交班的精度是 0.1 度，这样也就是超过 20 多秒。如果推迟 20 多秒，这次的发射已经不能完成和飞船的交班任务，发射就要终止。所以这类问题强约束还是非常高的。

### 三、空天飞行器的控制前沿问题与挑战

空天飞行器对控制带来了一些什么挑战？空天飞行器是航空航天技术的融合，跨越整个空间，其控制问题应该说是国外的相关研究机构和学者关注的热点领域之一。

第一个是如何提高航天器的空间控制能力和活动能力，这个是我们关注的重点。第二个就是可重复使用的空天飞行器，如何实现自主返回控制的问题，这个问题我们还没有解决。

空天飞行器主要面临这么几个挑战。第一个就是如何有效、安全地从轨道空间返回，这一直都是制约航天空天飞行器发展的一个重要难题。第二个是空天飞行器如何实现轨道面的大范围机动（图 4）。大部分的飞行器都可以实现轨道面内的机动，也就是升高或降低，这些我们现在的卫星都能实现。

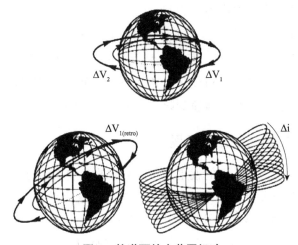

图 4　轨道面的大范围机动

## 四、航天飞行器控制发展的一些研究进展

### 1. 上升段的制导

在真空段的飞行应该都已经实现了闭环的自由控制，包括迭代的、航天飞机的控制。但是上升段一直用的都是开环，缺乏可靠解决大气层内的最优制导的闭环控制的算法。在 20 世纪 70 年代，各国学者对大气层内的闭路制导进行了研究，为努力实现自主快速进入空间方面做了一些迈进的工作，力图在有较大的轨道偏离和系统不确定的情况下，能够保证相同的有效载荷的控制能力，减少发射前的制导对弹道轨迹规划的准备所需要的人力和时间。基于最优控制理论方面，上升段的制导方法取得了一些进展，但是都没有进行工程实践。

### 2. 升力体再入制导

例如，在美国的航天飞机 X-37B、X-40A 等项目的牵引下，美国已经掌握了长时间在轨飞行的控制技术，解决了以轨道速度和升力体再入返回的航天器的离轨控制的问题，并提出了一系列的创新制导方法，包括标准轨道的跟踪再入制导方法，在线轨迹生成与跟踪制导技术以及预测校正制导方法。在线轨迹生成与跟踪制导技术就是航天飞机最后采用的方法。预测校正制导方法现在还没看到在工程上有应用的报道，只进行了一些理论上的验证和研究探索工作。

### 3. 跳跃式的载入制导方法

跳跃式的载入制导方法主要是为了解决以第二宇宙速度返回地球时候降低飞行器的速度问题，要进行两次。这个的主要代表是美国的"阿波罗"探月工程。它的飞行器从月球回来，以第二宇宙速度先进入大气，减速，再跳出大气，然后减速到第一宇宙速度，操作人员再控制它返回。

## 五、面临的一些基础问题

这部分我想报告一下的就是，我们面临的一些基础问题是什么。

第一个问题是上升段最优可重构的控制。这个旨在实现降低结构载荷和容故非致命性故障。开展这个研究主要有三个目标：一是要减少气动载荷对结构强度的影响；二是要提高在飞行过程中可能出现的非致命

性故障的自主处理能力；三是要提高应对发射窗口变化的适应能力，以满足人类自主、快速、可靠、低成本地进入太空的一些发展需要。要突破解决的一些基础问题是什么呢？有这么几个：一是轨迹的在线规划，二是在线故障的识别与隔离，三是飞行器在线的快速重构，四是风载荷要实现闭环控制等。

第二个问题就是自主轨道机动飞行控制。在实现空间服务和快速到达方面，主要任务是要满足自主接近、伴飞、轨道面机动和空间服务等。这个飞行控制要解决一些什么问题呢？一个是气动辅助变轨，一个是自主接近和伴飞，还有一个就是非合作目标和合作目标的相对制导等技术问题（图5）。

**图5　自主轨道机动飞行控制**

第三个问题是再入导航控制。这个的主要目标是实现自主、可靠、高精度的返回。对控制来讲，要实现这么几个目标：自主快速的离轨制动控制问题，多种约束的精确制导问题，如何应对复杂流动、非定常气动力带来的不确定性、非线性和强耦合姿态控制问题。主要应该解决的是自主离轨的策略、自主多约束高精度的制导以及基于控制能力自适应分配的制导姿控协调控制。

第四个问题是脉冲星探测复合制导控制，实现深空探测和自主飞行。现在很多卫星，如我国的北斗卫星、美国的GPS卫星，都有一个星座漂移的问题，那么怎么解决空间飞行器自主飞行漂移的轨道问题呢？把轨道测准，这个现在主要是靠地面的测控站。美国在全世界有测控站，而我们受国土的限制，没有全球的测控站，只能在我国的国土内对它测轨。这样的话，国外在研究，我们也在研究，我们提出来要解决自主飞行问题，多种方案比较，脉冲星辅助导航是一个非常好的途径。所以这样一来，它要解决的主要问题有这么三个方面：一个是脉冲星的探测和信息处理，一个是建立脉冲星的数据库，一个就是脉冲星与惯性的复合导航与控制。

### 六、一些思考和建议

最后想讲一些思考和建议。

第一，要加强进入空间和空间飞行控制的基础性理论研究。美国在这方面的工程上都取得了很大的成就，并且对控制问题的研究一直也非常重视，制定了先进制导控制技术研究规划，用来支持和带动美国国内相关的一些基础研究。相应地，我们建议在国内也应该围绕一些重大的前沿技术领域和重大工程制定飞行器先进制导与控制专题计划，用来牵引国内的优势单位和研究团队参与研究，从而推动基础科学的进步。

第二，要重视多学科交叉的研究。我们就拿美国 HTV-2 的两次失利来看。第一次失利主要是对气动力和控制的问题认识不足导致的。第二次失利是气动热方面，防热材料的烧蚀速率超过预期，严重影响飞行器的气动稳定性。

第三，要加强飞行器和环境相互作用机理的研究，这个我就不展开讲了。

第四，要关注天地一致性的问题。在地面做和真实的飞行环境有很大的差异，那么怎么在地面模拟仿真，达到更逼真的仿真，及早地暴露飞行器设计中存在的一些问题，这个是非常重要的，要高度关注。

# 青藏高原自然环境探秘

## 郑　度

中国科学院院士，自然地理学家。1936 年 8 月 26 日生于广东揭西，籍贯广东大埔。1958 年毕业于中山大学地理系。1999 年当选为中国科学院院士。中国科学院地理科学与资源研究所研究员。建立了珠穆朗玛峰地区垂直带主要类型的分布图式，划分了青藏高原的垂直自然带为季风性和大陆性两类带谱系统，构建其结构类型组的分布模式，揭示其分异规律，建立了横断山区干旱河谷的综合分类系统，证实并确认高原寒冷干旱的核心区域，阐明了高海拔区域自然地域分异的三维地带性规律，建立适用于山地与高原的自然区划原则和方法，拟订的青藏高原自然地域系统方案得到广泛的应用。代表作有《珠穆朗玛峰地区的自然分带》《青藏高原自然环境的演化与分异》《青藏高原自然地域系统研究》《青藏高原形成演化与发展》《喀喇昆仑山-昆仑山地区自然地理》等。1987 年获国家自然科学奖一等奖。

Zheng Du

郑　度

青藏高原的主体分布在我国境内，西边是帕米尔高原，东边是横断山区，北边是昆仑山、阿尔金山与祁连山，南边是喀喇昆仑山与喜马拉雅山。青藏高原是我国三大自然保护区之一，东边是东部季风区，西北方是干旱区，叫作青藏高寒区。首先我们简单谈一下青藏高原的综合科学考察——我们探秘的历程，然后谈一下探秘的内容——青藏高原的自然特征与自然地带。

## 一、青藏高原的综合科学考察

青藏高原是全球海拔最高的独特地域单元，高原的隆起是晚近地球史上最重大的事件之一。青藏高原是我国地学、生物学、生态学、资源与环境科学具有特色的优势研究领域，对岩石圈地球动力学和全球环境变化有重要意义，而且对高原区域可持续发展也有广阔的应用前景。

### 1. 20 世纪 50～60 年代

20 世纪 50 年代以来，国家对青藏高原环境及资源的调查考察极为重视，要求查明并评价高原的自然条件和自然资源，探讨自然灾害及其防治，以适应高原建设的需要。20 世纪 50～60 年代，国家先后派人员对西藏的东部、中部，青海、甘肃的祁连山、柴达木盆地，新疆和西藏交界的昆仑山、珠穆朗玛峰地区、横断山区，西藏的中南部进行考察。20 世纪 60 年代，国家派人员对希夏邦马峰和珠穆朗玛峰地区进行了登山的科学考察。

图 1 是我于 1966～1968 年参加考察时拍摄的照片。我是 1966 年参加珠穆朗玛峰科学考察的，1967 年也到了希夏邦马峰的南坡地区。图 2 是 1975 年珠穆朗玛峰地区科学考察的照片。

图1 1966～1968年珠穆朗玛峰地区科学考察

图2 1975年珠穆朗玛峰地区科学考察

**2. 20 世纪 70 ~ 80 年代**

1972 年，我们在兰州地区对珠穆朗玛峰地区的综合科学考察进行了总结，所以在那个时候就做了一个规划，要对青藏高原进行系统考察。所以，1973 年组建了中国科学院青藏高原综合科学考察队，开始了一个新阶段的科学考察工作。1970 年主要对西藏自治区进行全面、系统地综合科学考察。从 20 世纪 80 年代开始先后对横断山区、南迦巴瓦峰地区、喀喇昆仑山-昆仑山地区、可可西里地区进行综合科学考察。

**3. 20 世纪 90 年代到 2000 年**

通过国家攀登计划和 973 项目，对"青藏高原形成演化、环境变迁与生态系统""青藏高原环境变化与区域科持续发展""青藏高原形成演化及其环境、资源效应""青藏高原环境变化及其对全球变化的响应与适应对策"等开展研究。2000 年以后也立了很多项目，这里没有一一列举。

因为是高原地区，而且是山区，所以青藏高原科学考察的过程是比较艰辛的，需要跋山涉水。图 3 显示的是 1974 年我们到墨脱地区（就是喜马拉雅山南坡）进行考察，现在那里通了公路，我们那时候都是爬山过去的。再比如，去喀喇昆仑山要过河，这些都是比较艰苦的历程。另外由于海拔高，可达性比较差，环境比较恶劣，所以 1988 年考察中昆仑山时要骑着毛驴上去。我们到中昆仑地区海拔 5000 多米的无人区，骆驼都累得趴下来要休息。所以有时候遇上陷车，也要经常进行艰苦的努力才能够继续前行。另外就是风餐露宿，像高山开展普若冈日冰帽地钻探冰心，一般都在海拔 6000 米以上。图 4 是我们在中昆仑山营地的照片，都是在野外用餐，露天的，所以叫作风餐露宿。

另外，野外考察是我们科学考察一个很重要的环节，因为要观测取样，如对剖面的观测、对草地的考察、对树轮钻探树心的取样。这些都是非常艰苦的工作。野外考察观测，如做太阳辐射的观测、整理动物的标本、在羊卓雍湖考察取样、在中昆仑山地区进行土壤考察时挖坑取土壤剖面等。其中有很多比较先进的仪器用于湖泊岩心的钻探取样。例如，高山冰心取样，因为对冰冻圈的研究需要钻取冰心，冰心一定要在雪线上稳定的地方才能取样，所以在慕士塔格地区上山时要把发电机拉上去，一个人抬不上去，要大家一起拉，取完冰心以后要再运下来。

图3　恶劣的科考环境

**图4 科考中风餐露宿**

因为国际上非常关注青藏高原，所以1980年以后，我国就开展了国际合作考察研究，包括地震方面的，如中法喜马拉雅联合考察、中英青藏高原拉萨—格尔木综合地质考察、滇西北玉龙山区自然环境及其变迁的合作考察、中德青藏高原冰川考察、中日西昆仑山的联合考察、中法喀喇昆仑山—西昆仑山联合考察等。当然后来这种考察就更加广泛了。

对青藏高原的研究，完全靠考察的只是一种路线的考察，后来又加上了遥感观测，开展了面上考察，但是如果缺少定位、半定位的观测，资料就很不完整。于是，从20世纪70年代开始，就建立了一些定位观测试验台站，对高原的地表过程与环境变化开展定位观测研究。

总的来看，对青藏高原的科学考察具有以下特点。第一，早期具有填补空白、积累基本科学资料的特点；围绕中心课题，从单学科到多学科的综合研究；从基础研究到应用研究、区域发展和建设规划。第二，技术路线上，从传统的路线考察到结合遥感开展的宏观分析与微观论证；野外考察和室内实验相结合，面上考察与定位、半定位的观测试验相结合。第三，从研究的角度来看，从定性、静态、类型研究为主逐渐向以定量、动态、过程和成因机制研究转化和深入，并且逐渐与全球环境变化研究紧密结合。

## 二、青藏高原的自然特征与自然地带

青藏高原综合科学考察主要围绕几个方面来开展工作，包括高原岩石圈结构形成与演化，高原隆起过程与环境变迁，生物区系与人类对高原的适应，高原自然环境与它的地域分异，资源、灾害与高原地区发展。下面介绍青藏高原的自然特征与自然地带，主要包括以下几方面内容。

### 1. 高原隆起与环境演化

针对高原隆起过程有不同的观点。一种观点认为青藏地区已经在上新世达到海拔 2500～3000 米，中国科学院植物研究所的徐仁先生根据希夏邦马峰在 5700 米的地区发现有高山砾的化石，并与现在的分布对比得出这样的结论。另一种观点则认为上新世末青藏地区达到海拔 1000 米。另外，有的外国科学家则认为青藏地区在 800 万年前的时候已经达到目前的高度。

下面谈一下有关第四纪大冰盖的争论。最初，外国的探险家（如 S. Hedin 等）对高原做了很多探险考察，认为是没有高原大冰盖的。但是 Huntington 提出来第四纪存在高原大冰盖。而且在 20 世纪 80 年代，德国的一个年轻科学家 M.Kuhle 参加了对青藏高原东北部的考察以后，提出存在高原大冰盖。青藏高原地貌与气候的组合在外围与内部的差异是很大的，所以决定着第四纪的冰川发育和古雪线的分布。中国科学家的主流观点认为，第四纪的时候，古冰川只是以高山为中心，但没有构成高原统一的大冰盖。但 M.Kuhle 参加过我们的多次研讨。他根据高原外缘古雪线的下降值或古冰川的下限平行推移到高原内部，认为第四纪应当是有连续大冰盖。这个论断是与事实不符的。比如，青藏高原东南部察隅冰川附近，我们 1973 年考察的时候它可以下降到 2000 多米，他就以这个来推移到高原面。但我们刚才说了，高原内部的地貌和气候的组合差异很大，就是说东南边缘是比较湿润的，但高原内部则是很干旱的，所以我们认为在第四纪是不存在高原大冰盖的。

冰川学家施雅风先生认为，高原现代冰川大体上是 5 万平方千米，在第四纪古冰川的最大规模可能达到 50 万平方千米，但是高原的面积是 250 万平方千米，所以不可能覆盖整个青藏高原。此外，目前高原面上存在着形态保留完好的火山堆和熔岩台地，如果有高原大冰盖就会把它们摧毁掉；高原腹地有一些古湖泊曾经含有一些有机质，也说明不存在连续的大冰盖。

环境演化中比较引人注目的另一个问题是湖泊演化和水系变迁。当时形成了很多断陷盆地和断裂的谷地，有很多湖泊分布，奠定了现代水系的基本格局。所以在中新世晚期到早更新世，基本上是距今 700 万～110 万年，是青藏地区重要的成湖时期。上新世时，广大地区外泄的河湖串联起来，形成串珠状的水系。所以在第四纪，边缘河流溯源侵蚀强烈，一些湖泊先后被切割和疏干，形成的时代也不相同。

**2. 自然环境的基本特征**

（1）地势高亢和地理过程的年轻性。中国有三大地势阶梯，青藏高原是最高的一阶，平均海拔超过 4000 米，形成很多海拔 6000 米以上的雪山高峰。从上新世以来，高原一直处于新构造运动强烈抬升的过程中，高原边缘河流不断下切，形成很多峡谷地貌和谷中谷形态，就是在河谷里再往下切割。高原腹地气候逐渐向寒冷干旱方向发展，表现为水系变迁和湖泊的消退。从土壤形成的角度来看，大部分土壤的土层很薄，粗骨性强，矿物风化程度比较低，土壤发育进程缓慢。这个叫作地理过程的年轻性。

（2）太阳辐射强烈与气候的特殊性。高海拔所导致的相对低温和寒冷突出，高原地表气温远比同纬度平原地区的气温低。高原面上最冷月的平均气温达到 -15～-10 摄氏度，其外围地区的 7 月平均气温竟与南岭以南 1 月的平均气温相当，比同纬度平原地区低大概 15～20 摄氏度。高原气候的另一个显著特点是气温的日变化很大，且暖季与冷季的气温日较差变化明显，与热带高山有显著不同的温度特点。

（3）冰川冻土广布与寒冻作用普遍。青藏高原是冰川发育的主要区域，青藏高原上的冰川占我国冰川的 4/5 以上，冰川面积达到 4.9 万平方千米。但是冰川有不同的类型，如海洋型的冰川、亚大陆型的冰川、极大陆型的冰川。它们的分布特点是不一样的。

冰川的类型差别很大。这里举几个例子。一是大陆型冰川，就是昆仑山的古里雅冰川；二是海洋型冰川，是藏东南的，它的寒冻作用明显；三是阿里地区的热融洼地，冻土融化以后，塌陷下去形成一个个的洼地。而在高山上则有多边形的成型土分布，这是比较容易看到的。

（4）高原的生物区系与生态适应独特。高山植物是绚丽多姿的，如棘豆、雪莲花、虎耳草、垫状点地梅、多刺绿绒蒿等。野生动物分布也有比较明显的特点，如鸟类方面有著名的候鸟黑颈鹤、赤麻鸭、藏雪鸡；哺乳动物方面有阿金山的藏野驴。从脊椎动物与高原高等植物的分布来看，青藏高原动物的分布中，哺乳类、鸟类基本上可以占到全国总数的40%～50%。但是鱼类就很少了。高等植物中，如裸子植物、被子植物，总数可以达到全国的44%以上。

（5）青藏高原的自然环境是很脆弱的，对人类活动的响应非常敏感。横断山区本来有一些森林分布，但是由于藏民要放牧，林地的一些地方被放火烧掉了。另外，班公湖滨的水柏枝灌丛本来分布很广，但我们1987年到这里考察就只零零星星地见到了一两丛，因为它们要被用作燃料。在高原上，可以看到原来的都是高山草甸地区，但是由于放牧过度，就变成了只生长一些牲口不吃的植物。

在横断山区，20世纪50年代末的考察发现这里的森林分布很广，但是后来在森林工业部①之下就成立了很多林场，对森林进行采伐，而且多是皆伐，把整个林地砍了。因为皆伐的操作很方便，所以这里就成了木材集散地。另外，在修建川藏公路的时候也没有注意保护森林，所以造成的森林破坏是比较严重的。

**3. 垂直带类型分布模式**

青藏高原的山地很多，山地分布的情况也不一样。根据垂直带的分布，可以归类为大陆性的垂直自然带谱系统（图5），有的则归类为季风性的垂直自然带谱系统，后来我们把它归纳为分布模式和分异的规律。

---

① 1956年成立，1958年并入林业部。

大陆性垂直自然带谱系统基本上分布在青藏高原的西北部，包括昆仑山、阿尔金山、祁连山等，也包括青藏高原的内部腹地，所以可以根据它的垂直自然带类型分为半干旱、干旱、极干旱、高寒极干旱、高寒干旱、高寒半干旱等类型，上面是雪线，中间有林线，下面有一些荒漠草原，个别地方的阴坡有一些森林分布。但是在青藏高原内部，基本上是从高寒草原到草甸草原分布，然后从高寒荒漠直接到亚冰雪带。这个差别很大。从新疆阿里地区可以看到，下面是山地荒漠带，有合头草灌木，有藜科的；山地草原主要是禾本科占优势；在亚冰雪带，可以看到很多冰冻作用的地貌类型，有些垫状植物分布。在山地草原上可以看到有草甸分布，再往上叫亚冰雪带。

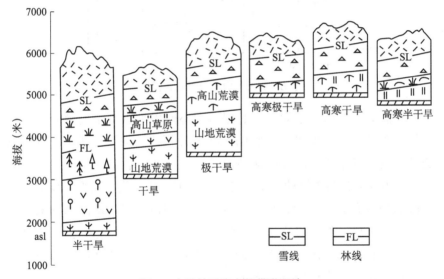

**图 5　大陆性垂直自然带谱系统**

季风性垂直自然带谱可以分为高寒的半湿润结构类型、半湿润类型、湿润类型。湿润类型、半湿润类型就是在高原面以下的像喜马拉雅山、横断山区的下面。上面是雪线，林线是森林上限，下面都是森林，这边横断山区有干旱河谷分布。高寒半湿润类型基本上在森林上限以上就有灌丛草甸，再往上就是亚冰雪带等，差别很大。横断山区的垂直带最初从成都平原上来，基本上就是山地常绿阔叶林带。过去这些都保存得比较好，但现在可能就保存得很少了。常绿阔叶林带上面有针阔叶混交林带、针叶林带，林线以上有灌丛草甸杜鹃灌丛、草甸分布，说明这个垂直带的类型（图6）与大陆性的类型是差别很大的。

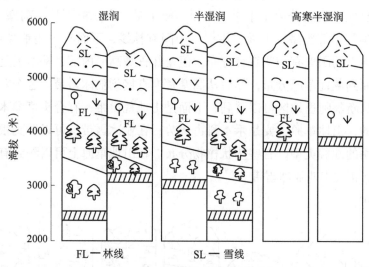

**图6 青藏高原季风性垂直带谱**

从整个青藏高原来看，我们把这种不同山地垂直带的分布归纳成一种分布的模式，就可以出它的一些分异规律，如图7所示。这个图是我们经过多年考察，包括应用了很多前人的研究结果，归纳出来的。图7右边这部分叫季风性的垂直带谱，湿润、半湿润、高寒半湿润；左边这部分是大陆性的垂直带谱，从半干旱到极干旱，从高寒的极干旱到高寒半干旱，然后组合了上面的雪线（SL）。然后这边有森林上限，另一边也有森林上限，基本上是向内陆升高的。高寒地区上面对应的高原基准面就是高原内部分布的。所以这里就有一个山体效应，这是地理学家最初从阿尔卑斯山那边得出的一个认识，即隆起的山体的内部有热力作用，温度比较高。虽然阿尔卑斯山的宽度只有两三百千米，但是我们这边的宽度有上千千米了，所以我们的山体效应就更明显。

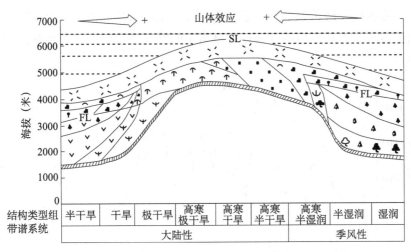

**图 7　青藏高原垂直带结构类型分布模式**

　　从垂直带结构类型分布模式可以看到，大陆性和季风性两类性质迥异的带谱系统对比是鲜明的，而且高寒的这种结构类型是在高原腹地展布的，反映出基带的温度、水分条件组合的差异，体现出高原自然地带的分异。另外，高原自然地带自然分带的界限大多指向逐渐抬升的高原腹地，反映出高原热力作用与巨大的山体效应，而且高山带及其上的亚冰雪带和冰雪带的景观有一些趋同。在高山带以上，亚冰雪带的差异是比较小的，但是从生物区系的角度看还是有些差别的。

　　另外，从垂直带分布模式可以看到，林线和雪线有一定的分布规律。森林上限的海拔取决于组成森林的树种的生态生物学特性，如它是哪一种云杉、冷杉或桦树，它所处的位置因外界因素不同而有明显的差别。另外，在青藏高原东部，山地林线是全球最高的，如林芝、舍季拉山一带可以达到 4400～4600 米，阳坡可以有一些柏木分布，阴坡有一些云杉分布。为什么出现这种情况呢？这与它所处的亚热带的纬度有关，和与它相联系的山体效应是密切联系的。所以现代雪线分布的高低主要取决于温度和水分条件，大体上呈现从边缘向高原的内部、从东南向西北、从周边向腹地升高的趋势。20 世纪 70 年代，国外科学家做了一个模式图（图 8），就是从南极经过赤道到北极的分布，青藏高原的位置就在北纬 30 度前后到 40 度左右。可以看到，青藏高原的森林上限是全球最高的，雪线则比南美安第斯山还要低一些。全球最高的雪线是南美安第斯山的雪线。青藏高原的林线比安第斯山的林线都要高，这是青藏高原的特点。

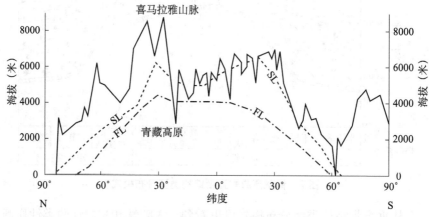

图8  全球高山雪线及山地森林上限图

### 4. 独特地生态空间格局

"地生态"这个词是德国地理学家特罗尔（C.Troll）提出来的。他认为，只说生态是不完全的，一定要重视"地"这个环境，要将其与生态之间平等对待。所以他用了一个词叫 geoecology。下面介绍青藏高原独特的地生态空间格局，包括水汽通道、干旱河谷、高寒草甸地带、寒旱核心区域。

（1）水汽通道。水汽通道是指暖湿气流沿着雅鲁藏布江下游（印度称布拉马普特拉）溯江而上，输送的水汽量居于四周向青藏高原水汽输送的首位；另外一个通道是从阿拉伯海来的，但它对青藏高原的影响较弱。东喜马拉雅乃至整个喜马拉雅是物种分化最强烈的区域，是物种分化与分布的中心。东喜马拉雅山脉受到水汽通道影响，是最湿润的一个地带，而且具有热带北缘的特征，热带森林溯江而上，可以达到北纬29度，但是在东边的海南岛，热带森林基本上只达到北纬20度。对着这个水汽通道，唐古拉山南翼是整个青藏高原海洋性冰川的发育中心，水汽通道带来了大量降水，造成地质地貌灾害频繁，如山崩、滑坡、泥石流，大多与水汽通道有关，所以这个区域常成为冰雪型、暴雨型泥石流发育的中心。

高原水汽通道，一个是从孟加拉湾来的水汽通道，它甚至有时可以影响到青藏高原的北部。从阿拉伯海来的水汽，因为受到西喜马拉雅山和喀喇昆仑山的阻挡，势力比较弱。像上文说的，森林分布比较高的一个是舍季拉山的森林分布。一个是墨脱背蹦，位于墨脱县、东喜马拉雅山南翼的背蹦的农田，海拔大概为六七百米，有树蕨生长。

（2）干旱河谷。干旱河谷也是一个独特的地生态现象。它基本上是在青藏高原的东边、南边、西边的周边山地，很多深切谷地下面普遍出现干旱河谷的灌丛景观。横断山区的中段干旱河谷是特别典型的、有独特优势的植被类型，如耐旱的灌丛和稀树灌木草丛，在横断山区的四川到云南都有。土壤有旱成土的特征，这在世界上被认为是最典型的，其他地区（如南美安第斯山）也有类似的，但是我们这边分布的范围很广。这种现象的形成与它的山脉走向——南北走向有关。湿润气流形成一个交角，加上山谷的昼夜环流，所以对干旱河谷的形成有明显的影响。干旱河谷的分布界限也有一定的差异，如大体上从外缘向内部逐渐升高，从南到北升高，各个河段的河谷、干旱河谷的垂直分布幅度取决于它的干旱程度。我们从横断山到西藏去，最明显的就是怒江河谷，在八宿以东的怒江河谷，它的相对高度基本达到 1000 米，很高。20 世纪 80 年代考察的时候，有一个题目就叫"横断山区的干旱河谷"，专门出版了一部著作。

（3）高寒草甸地带。上文讲到垂直带的时候，森林上限有灌丛草甸地带，但是高原面上基本以草甸为主。所以我们认为，湿润、半湿润型的垂直带谱中，高山带的草甸类型在高原面上联结分布，形成具有水平地带意义的自然地带。它的东南边界与横断山区山地森林的西北界限大体相符，我们认为它主要取决于最暖月的平均温度。但是它的西北部又与高原的高寒草原、高寒草甸草原毗邻，所以又与水分状况的半湿润、半干旱界限大体一致。另外，在北半球的低平地区，寒温带森林的北界以北叫作苔原带。所以我们做了一个对比，把高寒草甸地带（因为它在林线以上）与苔原带两个地带的温度、水分条件做一个比较，发现两者有很明显的差别。而且从人类活动的角度来看，高寒草甸地带是藏族牧民放牧的主要区域，苔原带基本上则很少有人类居住。

（4）寒旱核心区域。全球有两个非常干旱的高海拔区域。一个是南美安第斯山脉的中段——普那高原，另外一个就是中国青藏高原的西北部。青藏高原西北部处在中昆仑山的腹地及昆仑山南翼高原，也叫羌塘高原。这个地区远离上文说的两条水汽输送的路径，所以形成极端干旱的寒冷区域，干燥的剥蚀作用、寒冻冰缘作用非常发达，湖泊干涸退缩，矿化度增高，高山荒漠植被占优势，土壤则是高山荒漠土。从中昆仑山主脉的垂直自然带谱来看，它属于高寒极干旱结构类型组，正好与冰川方面毗邻山区的极大陆型冰川是吻合的，互为佐证。德国的高山地理学家特罗尔研究了欧亚大陆腹地，提出亚洲高地干旱核心的概念。他称亚洲高地为 High-Asia。亚洲高地包括了新疆、内蒙古、青藏高原一带的很大一片区域，我们借用到青藏高原，将之称作寒旱的核心区域。

**5. 青藏高原自然地带性规律**

首先我们对自然地带性有不同的观点，地域分异有三维地带性，纬向的、经向的、垂向的。

20世纪50年代中期以后，全国做了自然区划。当时很多专家汇聚在北京讨论自然区划，但是对高原的划分有很多分歧，主要是科学资料比较欠缺，大家对高原缺乏全面了解，另外也与对地带性的不同认识、不同理解密切相关。有的人认为高原上存在水平地带，但是都被垂直带掩盖了，所以高原上的地带仅能由垂直带来辨认。也有的人认为高原面起伏不太大，总体上南北伸展也很宽，如北纬28～40度有12个纬度，所以客观上应该存在水平地带差异。还有的人则强调青藏高原非地带性比较显著，不应当划分为自然地带。所以总的来看，还需要根据后来的考察做进一步的归纳。

对高原上自然地带怎么划分也有不同的认识。有的专家强调应该按照纬向变化对植被的影响，通过太阳辐射、光热条件来决定，认为通过不同纬向地带植被垂直带来做一个比较，如祁连山、昆仑山、唐古拉山等，将昆仑山、巴颜喀喇山这一条线作为温带和亚热带植被的分界线，跟秦岭、淮河线连起来。一位与我们一起在高原寒旱核心区做过考察工作，而且在墨脱越冬考察的专家，认为青藏高原垂直带、水平地带应该朝西北这个生态旱极递变，叫作植被的极向地带性。另外一位专家综合不同专家的观点，认为高原地域分异规律表现形式是多种多样的，但是可以叫作高原地带辐合，就是说不是朝一个地方，而且由不同地区向高原内部来辐合的。我们认为作为纬向地带性主要分异因素的太阳辐射很重要，因为它的热量分布在高原上有重要影响，表现为温度是从南到北递降的，垂直分带的界限、海拔高程也是向同一方向降低的。但是总体上来看，高原上辐射平衡跟温度这个要素以高原西北部为中心（因为它的地势最高了），在空间上呈现同心弧状的分布态势，反映出地势结构跟海拔等因素更大的作用，所以跟一般的纬向地带分异时有明显的差别。

我们选取了几个海拔大体相同的站点，这几个站点分布在海拔4000 米上下。西藏南边的邦达机场，青海吉迈位于中间，北部则是祁连山的木里，海拔大体在 4000 米。分布的年平均气温，南边的邦达机场是2.7 摄氏度，木里是 −5.7 摄氏度，平均气温的年变化由南到北是降低的，但是大体处于一种半湿润的状态，如果把半湿润和半干旱区比较，结果就不一样了。另外把中喜马拉雅山南翼雪线（5500 米）、林线（4000 米）与祁连山相比，中祁连山北翼雪线是 4400~4600 米，林线是 3400 米。总的来看，温度是由南向北递减的，说明纬向地带影响是存在的（图 9 ）。

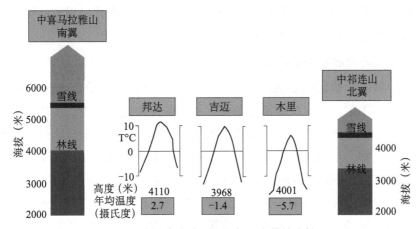

**图 9　青藏高原南北温度与垂直带的比较**

从 7 月份青藏高原的平均温度来看，柴达木盆地的气温较高一些，喜马拉雅山南翼温度偏高一些。但是青藏高原腹地内部最暖月平均气温一般低于 6 摄氏度，外部气温为 6~10 摄氏度，10 摄氏度的等温线很重要，然后是18摄氏度。年干燥度（潜在蒸发率除以降水，叫作干燥度），以年平均值为界限。如果小于1.0，叫作湿润区；年干燥度在1.0～1.5，叫作半湿润区；年干燥度在1.6～6.0的，叫作半干旱区。然后是干旱区和极干旱区。柴达木盆地一带应当是很干旱的地区。总的来看，我们认为青藏高原受大气环流与高原地势格局的制约，形成这种温度、水分条件，地域组合的差异，呈现出东南暖热湿润向西北寒冷干旱递变的趋势。反映在自然景观上，就逐渐由东南的山地森林，到高山草甸，到草原。草原中有不同的类型，如山地草原、高山草原，最西北是山地荒漠与高山荒漠这种带状的更迭，具有明显的水平地带分异特点。

下面，我们介绍两个剖面。北纬32度的从成都平原一直到西喜马拉雅山的东西向剖面。青藏高原内部比较偏干，索县一带比较偏湿润，为草甸地带。如果从垂直地带方面，则是成都平原到山地针叶林、高山草甸、高山草原到阿里山地荒漠。下面一个就是从南向北的剖面，穿过珠穆朗玛峰一直往北的喜马拉雅山南翼降水量很多，但是过了珠穆朗玛峰以后，日喀则一带的降水量减少，一直到北边翻过昆仑山到且末，降水量就更少了。所以基本上从喜马拉雅山南翼，到藏南的山地灌丛草原、羌塘高原的高山草原，到昆仑高山的山地荒漠，一直到塔里木盆地，变化还是有差异的。有地势的差异，有降水量的差异。

### 6. 生态建设与护育环境

中国的自然区划是20世纪50年代老一辈科学家定的原则。与低海拔地区差不多，依次按照温度条件、水分条件和地形对青藏高原进行划分。划分采用比较各项自然地理要素分布特征的地理相关法，就是考虑气候与生物、土壤的相互关系以及其在农业生产上的意义。先要划分出水平地带，并得到充分的反映，然后再体现垂直带的差异。当然判断时，如水平地带内部有山地，我们把它作为次一级地划分来看待，先把水平地带划分出来。另外，由于海拔高度差异很大，要考虑到各种地貌类型组合与它的基面海拔高度的分析，按照不同区域，确定代表基面和海拔高度的范围，使生物气候带的资料得以比较。怎样确定这个基准面呢？我们考虑，一个是优势垂直带，另一个是人类活动比较集中的区域。例如，横断山区的优势垂直带是山地针叶林分布的区域，海拔2500～4000

米，而且基本上是人类活动集中的区域，包括一些主要的气候站；又比如藏南地区，基本上海拔 3500～4500 米。其南边与喜马拉雅山相连，作为一种垂直带在这里体现。所以总的来看，先划分的单位是温度带，青藏高原基本上划分为两个，然后内部再划分为自然地带，进一步划分为自然区。指标体系主要按照温度带与水分状况来划分。温度带的指标体系主要划分为高原温度带。一个是高原亚寒带，一个是高原温带。当然，喜马拉雅山南翼地区可以作为山地亚热带，从严格定义来看不属于高原的范围，但因为从整体来考虑，还是放在其中，所以大体上按照日平均气温大于等于 10 摄氏度的天数计算。但是因为有的地方没有大于 10 摄氏度的天数，我们就按照大于等于 5 摄氏度的天数计算。另外参考最暖月的平均温度。高原亚寒带基本上没有天然森林，而以牧区为主。高原温带可以有天然森林或可以植树造林，但要看它的水分条件状况。亚热带山地森林就可以一年两熟或三熟，也可以种水稻、茶树等。

从水分状况的第一类型来看，分为湿润、半湿润、半干旱和干旱，划分标准主要按照年干燥度，然后按照年降水量。比如，湿润区域一般是年干燥度小于 1，年降水量大于 800 毫米；半湿润区域和湿润区域就有森林可以分布；半干旱区域则以草原为主；干旱区域以荒漠为主，而且在干旱区域没有灌溉，就没有农作。所以我们按照这个原则划分高原的自然地带，两个温度带主要就是高寒的高原亚寒带和高原温带，向下划分为 10 个自然地带，然后进一步划分为 28 个自然区，我们就介绍到自然地带。

亚热带山地森林区域的高寒地带划分为四个区域：高寒灌丛草甸、高寒草甸草原、高寒草原、高寒荒漠。与中国温带相应的自然地带相比较，它们在水分特点上是相似的，森林地带的水分特点也是相似的，但是它以温度偏低表现出青藏高原自身的特色，温度是在这个地方偏低。

下面简单介绍不同自然地带的景观，包括亚热带山地森林地带。那里有树蕨的分布、墨脱的稻田大峡谷、阿扎冰川、察隅的河谷农田，还有中尼的友谊桥，再前面基本就是亚热带。

然后介绍高原温带，横断山区山地森林地带，包括大渡河的谷地、云南迪庆的干旱河谷，有山地针叶林，景观更丰富，还有山地高原面的森林、小冰盖的遗迹、杜鹃的灌丛等。藏南山地灌丛草原地带以雅鲁藏布江流域为主，雅鲁藏布江流域宽阔，有河谷的农田、阶地上的狼牙刺灌丛、上游仲巴的蒿属草原、喜马拉雅山北翼的高山草原、羊卓雍湖等，这些是具有代表性的高原温带代表。

高原温带草原地区的另外一个代表就是青东祁连山，包括湟水谷地、青海湖、黄河谷地、瓦里关山观测站、宝库河的农田、青海湖滨的草甸、芨芨草草场等。高原温带中，干旱的有阿里的山地荒漠地带、班公湖的草场、山地荒漠、锦鸡儿灌丛、斯潘古尔湖的灌丛、玛卡草场。高原温带中有昆仑山北翼山地荒漠地带，基本上以新疆为主，中昆仑山的北翼有三角面的断层。我们在中昆仑的营地，即慕士塔格峰的北翼，有羊茅草原、山地针茅草原、于田的种羊场等。

高原温带中最后一个是柴达木的山地荒漠地带，有察尔汗的盐池盐路、采盐的茶卡盐池、风蚀地貌、柽柳灌丛、格尔木火车站的景观。总的来看，高原温带中对柴达木盆地的归属是有过分歧的，大多数区划方案将青藏高原作为高级区域单位划分出来，主要的分歧在于柴达木盆地与阿尔金山、祁连山到底划归西北干旱区还是划归青藏高原。一部分学者认为柴达木盆地与其毗邻山地气候干旱，具有温带荒漠的自然景观，应将其划归西北干旱区。但从我们的角度来看，从综合自然地理角度要考虑构造地貌、海拔、温度条件、土地利用、植物和植被类型、山地垂直带等各个方面。我们从发生学的观点来看，高原作为一个整体，应当把北部的山区外侧的山地荒漠的上限以南，把阿尔金山、祁连山跟柴达木盆地一起划归青藏高原。简单从土地利用的角度来看，如果划分为西北干旱区，实际上柴达木盆地海拔比较高，最暖月 18 摄氏度，天然条件下不能种水稻、棉花，但是在河西走廊是可以的，所以从这个角度来看，差别是很明显的。

高原亚寒带的四个地带：一是高寒灌丛草甸地带，就是果洛、那曲地区，包括阿尼玛卿山、若尔盖沼泽、那曲的草场等，主要是藏族的牧区；二是青南高寒草甸草原地带，就是三江河源，有长江河源、匍匐的水柏枝、野牦牛群，植被主要是紫花针茅，但是山上有高山草甸分布，有熔岩台地等；三是高寒草原地带，主要在羌塘高原，面积非常大，湖盆分布也比较多，是比较典型的紫花针茅的高山草原，北边有一些沙地可以出现一些高原荒漠草原，湖泊比较多，也有野生动物的分布；四是高寒荒漠地带，分布在昆仑山南翼。

生态建设是应当因地制宜的。像藏南雅鲁藏布江谷地，在冬天是旱季，沙滩初露，再加上西风一吹，沙就扬起来，堆积在向风坡，就堆积成沙地了，沙化景观是很明显的。但是如果它不影响居民点，不影响交通路线，就可以不去管它。

人们往往认为绿化就是植树造林。我们在 1994 年考察过日喀则艾玛岗。这里分布着的狼牙刺灌丛是很好的，但是当地非要挖沟种小叶杨，结果这些小叶杨存活不下来。青藏铁路周边要种杨树，叫作公仆林，实际上也没有必要，因为它是一种灌丛草原分布的区域。还有一个就是 2007 年拉萨河谷地动员了很多人来植树造林，而且种的不是当地的优势种，是湿润、半湿润区域的云杉树种。应当因地制宜地开展这方面的工作，不应当到处种树。

在重大工程建设中，环境效应也比较明显。有两个例子。一个就是羊卓雍湖的水电站。20 世纪 70 年代考察以后，有人提出来可以利用这种落差 [ 从海拔 4400 多米的羊卓雍湖到雅鲁藏布江的河谷（3600 米左右），有 800 米的高差 ] 引水发电，后来就在 20 世纪 90 年代修建了这个水库。但是当时我们已经有了不同的看法，因为上游高山冰川的补给有限，而在这个山谷中的蓄水量也有限，所以一定要非常慎重地对待这个工程建设。后来，1998 年水电开发（2005 年我们去参观过），他们认为水位没有太多的变化，所以就提出来要开发二期工程，一期是 11.5 万千瓦，二期要开 20 万千瓦。后来我们跟西藏自治区人民政府也提出，不应当再这么开发下去，因为全球变化的后果可能是不利于这种水电的继续开发。果真在 2005 年以后水位就下降了，降水也减少了，温度也升高了，所以不敢再开发了，这说明人类改造自然的工程一定要考虑全球环境变化的影响。

另一个重大工程建设就是青藏铁路工程建设。青藏铁路在全球比较受关注。这条铁路从西宁经过格尔木一直到拉萨。格拉段指从格尔木到拉萨，全长是 1142 千米，其中冻土区的段长就有 550 千米，有一半是经过多年冻土的。冻土在公路下面已经显示出热效应了，容易融化。在北纬高纬地区，铁路病害率也比较高，所以后来在这里采取了很多环保措施，如遮阳棚、采取热棒来降温、采取旱桥湿地、通风管技术，让地面不要因为修路而导致升温。另外，由于修了铁路，阻挡了风沙，又要采取防止风沙埋压的固阻沙障的措施。野生动物通道是铁路工程中尤其需要注意的。开始的时候，牦牛还不太适应，不走这个通道，一直还是爬过铁路路基，现在可能要好一点儿。

### 7. 旅游产业发展和护育环境

青藏高原作为全球比较关注的热点地区，西藏自治区和青海省都比较重视旅游业的发展。青藏高原有比较独特的自然环境，加上藏族悠久的历史文化，构成青藏高原雄伟壮丽的旅游资源体系，所以旅游业是青藏高原地区重要的第三产业。例如，珠穆朗玛峰核心区域是不应当让人过来的，但是因为要进行登山科学考察，需要让登山队进入。由于全球变暖，珠穆朗玛峰的冰川在消融，冰塔林过去有三五十米高，现在都消融了，冰湖也增多了，冰湖面积 1992～2000 年增加了近 30 公顷。另外，珠穆朗玛峰地区的旅游与登山活动也带来一些问题，如帐篷、垃圾、燃料的问题。这个地方本来灌丛分布就很少，还要砍挖灌丛做燃料，破坏就比较明显。同时每年新增的垃圾有差不多 10 吨，都是生活垃圾与废弃物。

因此，旅游资源的开发要做进一步的环境评价，总体来看，旅游区域的环境评价是非常重要的，核心就是严禁游客跟冰川的直接接触，特别是在冰川区。所以建议要对缓冲区加大投资，建立观景平台、步栈道、高架的廊桥等设施，来远观冰川和珠穆朗玛峰。建议要建立冰川科普博物馆，增加科学内容。这种冰川旅游资源不能边开发边破坏，一定要先建设好，与环保结合起来，然后再开放。此外，要加强基础设施的建设，包括信息系统、旅游服务中心、景区的环境卫生。另外，高标准的公路要有专职的维护，一般的自驾车或一般外来的旅游车应当禁止驶入，不然车辆太多也影响景区的发展。还有很重要的问题，就是加强旅游开发的管理与监督，处理好旅游管理部门和景区原住民的关系，切实维护好当地居民的利益，加强地方政府与藏民的高度沟通，提高当地居民的旅游服务的参与度。而且要进行科普宣传，让当地居民理解科学的开发与保护旅游资源的必要性，实现开发和环保的共赢，让他们也得到利益。

另外一个问题是自然保护区的建设。青藏高原的自然保护区中，国家级自然保护区有 21 处，省级自然保护区有 54 处。从西藏自治区来看，国家级自然保护区就有 7 处，自治区级自然保护区有 8 处，地县级自然保护区还更多，总面积占自治区面积的 1/3，超过 40 万平方千米。所以总的来看，管理是关键，它的运行模式是多样的，如建设一些国家公园，让当地居民的生活质量得到提高。因为现在不主张把社区的人都搬出来，应当让他们来参与保护，加强生态保护的力度。

青藏高原自然保护区的范围很广，包括已经建立的阿尔金自然保护区、羌塘保护区、三江源保护区等，里面有很多动物，包括藏羚羊群、藏野驴、藏野牦牛群、鸟类等，分布都比较多。

总的来看，需要对建设西藏的生态安全屏障做一些规划布局。藏南和喜马拉雅山中段的生态安全屏障，主要任务是治理水土流失，防止土地沙化；在藏东南和藏东地区，要加强水源涵养和生物多样性的保护，包括采取综合措施治理水土流失，发展特色经济；在大面积的藏北高原、藏西山地生态安全屏障区，主要任务是加强草原生态系统的保护，维护西藏高原生物多样性。在区域生态环境保护的前提下合理发展草地畜牧业。青藏高原范围很广，自然保护区的面积也不小，所以我们一定要重视畜牧业的发展与自然保护相结合。羌塘自然保护区，因为 20 世纪 70 年代才逐渐有一部分人移进来，就北扩，目前有 2 万人，但是牲畜种数有 200 万，有点儿过度了。所以有的专家认为，应当将羌塘自然保护区的 29.8 万平方千米全部让给野生动物，当然其他保护区也可以考虑。但是并不是说不允许牧民在这里有少量的放牧，而且要让他们参与到野生动物的保护中来，来推动自然保护。因为野生动物的种群维护是很重要的。所以我们想要让藏族牧民融入自然保护区的建设中来，让他们参与高原野生动物保护方面的工作。

# 信息与信息处理面临的挑战

徐　波

中国科学院自动化研究所副所长，数字内容技术与服务中心主任，中国中文信息学会副理事长，国家"十五"和"十一五"863计划信息技术领域专家。主要研究方向包括语音识别、口语翻译、数字音频智能处理及增强现实技术等。

Xu Bo

徐 波

互联网时代语音信息处理的一些基本认识可以从三个方面讲：第一个是语音识别技术现状及态势；第二个是最近深度学习比较热的，从语音识别应用开始加速语音识别走向成熟；第三个是语音信息处理的一些基本问题。

## 一、语音识别技术现状及态势

语音识别的发展历经几起几落。第一个热潮大概是在 1992 年，微软等大公司开始做语音识别。到 2000 年互联网泡沫的时候，语音识别基本上是一落千丈，在国外拿项目都拿不到。

实际上从移动互联网兴起以后，大约是从 2008 年开始，大家在手机上开始做语音识别。到 2010 年，语音识别重新成为技术和产业的一个热点。

在谷歌（Google）的带领下，做互联网的和做通信的都把语音识别作为一个重要研究方向。例如，安卓系统内嵌语音识别技术、iPhone 4S 上的 Siri 软件，国内华为、百度、腾讯、盛大等都开始做语音识别。所以，语音识别重新有了一个起点。

语音识别应该说是人类的一个梦想，人和计算机能对话。近 30 年，技术不断在进步。例如，在特征提取方面，不断有新的特征提出来，梅尔频率倒谱系数（MFCC）、感知线性预测系数（PLP）主要在快速傅氏变换（FFT）的基础上，把人的听觉和感知的一些特性加进去；开源内容管理系统（CMS）主要是解决通道；相对谱技术（RASTA）主要是解决一些噪音的问题；声道长度规整（VTLN）试图通过声道的规划把不同人的差异、特征之间的差异消除掉。

当然还有很多把不同的特征混在一起的，比如用神经网络方法，把很多的特征（MLP、TrapNN、Bottle Neck Features 等）混在一起做前端优化。这些特征很大一个特点就是一个好的特征都可以和后端的模型训练算法匹配，来达到最优性能。

所以我想这是整个模型识别里的一个共性问题，但是它的特征和模型相对是分离的。

这 30 年来的语音识别模型中，大的模型没变化，就是隐马尔可夫（HMM）模型。但是 HMM 模型里，在具体训练机制与训练学习的目标函数方面，专家学者们在不断地探索。差不多每隔两三年，比较优秀的学者就会提出一些新的训练算法，每个训练算法大概能把错误率降低5%，性能非常好。另外就是把和语音里上下文相关的东西考虑进来，使它的模型数量都有很大的增加。

另外一个很大的语音识别技术是怎么把语音识别里要用的声学语音的一些知识、自然语言的知识表示出来，将它们用在语音识别里。

这是一个非常简单的思想，但是在语音识别里一直起着很大作用。现在，随着整个统计模型储存器存储能力的增加，语音计算里可以做到五六元。

这里当然产生了很多的算法。知识多了以后，一遍解决不了，多遍去解决，就出现了多遍搜索。实际上语音识别进入门槛很低，但是要做好也不容易。随着自动语音识别技术（ASR）开放源代码工具运动的兴起，很多的开放源代码也推动了技术的发展。

书面语就是朗读语言。准书面语就类似于拿着手机，想好想说什么话再说，中间可能会有点儿磕磕碰碰，但是总体是比较流利的，英文名叫 prepared speech。连续语音识别、书面语和准书面语识别，现在已经解决得非常好了，达到实用化了。它们的准确率超过 90%。这个 90% 不是一般意义上的、学术上的 90%。我们做了很多大规模人群的实验，被试人的口音不是特别重的，一般都可以达到 90% 的准确率。当然，如果被试者的发音标准，95% 的准确率都可以达到。

但是在很复杂的电话会议、电话聊天等口语或即兴语言比较多的情况下，语音识别的难度非常大。英文做得比较好的准确率也就是在 80%左右。

　　但是人类大概也有 2%～4% 的错误率，也不是一点儿错误不犯的。所以，书面语和准书面语基本上已经很逼近人的真实语音了。

　　当然在口语里还有很多的问题。图1是美国最著名的市场调查公司高德纳咨询公司（Gartner, Inc.）做的成熟度分析——技术成熟度曲线。每个技术都有萌芽期、过渡期、幻想破灭期到复苏期。语音识别已经进入比较稳定的产业增长状态。所以，在现在的移动互联网下做语音识别有两个特点。第一个就是云端能力很强。对用户而言，云端向终端提供了革命性的计算和存储能力，普通的用户拿着手机可以去做很多事情。第二个对语音识别来说很重要，对于运营商而言，云端可以不断地去获取海量的有标签的训练样本（即用户的数据），在保证隐私的情况下，不断地帮助研究人员提高识别性能。

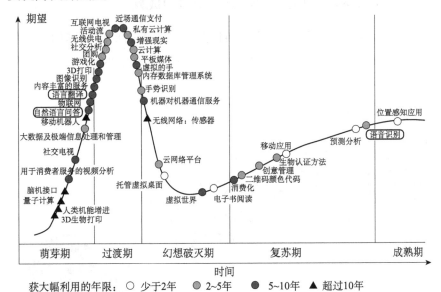

**图 1　成熟度分析——技术成熟度曲线**

　　传统语音识别关心语音识别特征是否足够鲁棒、语音识别模型是不是鲁棒和有足够的区分性等，还有说的话有没有学习过、语言模型是否具有足够的覆盖度、稀疏数据的可回退性等问题。在移动互联模式下，这些问题中可能有些问题不是那么重要，很容易解决。

　　移动互联网模式下语音识别的应用场景有三个方面。第一个是，相比于传统的语音识别来说，移动互联网里可以假设的计算量近乎无限。当然这个无限不是绝对意义上的无限，而是相比于现有的或 5 年前、10 年前做的。第二个是，存储量可以是近乎无限的，可以用更加复杂的模型。第三个是，数据量可以是近乎无限的，能涵盖各种发音习惯和用语习惯的用户数据。以前做个系统采 100 小时要很大的一个项目支持，很费劲。现在拿上来就是几千、几十万、上百万用户的规模。在这种情况下，它的识别研究目标也变了，更关注针对某个用户个性化能不能得到更好的效果。因为基本上每个手机就代表了一个用户，所以这里面的核心就是怎么去利用这些数据，进行模型的快速自适应。这里当然就没有更多人的标注，所以无监督或半监督的这种问题都非常重要。

## 二、深度神经网络加速语音识别走向成熟

第二个问题讲一下近一两年很快把云识别推向更加成熟的一个技术——深度神经网络（DNN，图 2）。这一块儿大家很熟悉，也是现在很热的。

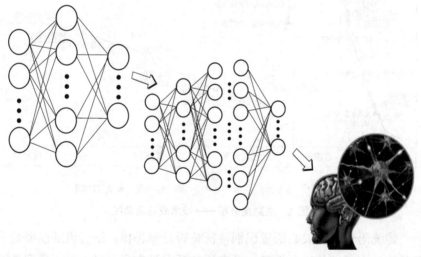

图 2　深度神经网络示意图

浅层网络方面，20 世纪 90 年代的时候人们就开始做了很多的工作。2006 年，Hinton 提出了神经网络深度学习和方法，使得九成甚至更多的神经网络训练成为可能。当然这里还有很多图形处理器（GPU）计算能

力的提升问题。所以这使得我们可以模拟或准模拟人脑的一些计算机制，来解决一些很好的问题。其中，在微软做这一部分神经网络研究开发的人也是我们研究所出去的，是 20 世纪 90 年代做神经网络的一个学生。在很多人不做神经网络的情况下，他除了完成本职工作以外，还一直对神经网络非常感兴趣。所以 Hinton 有了这个算法以后，他马上去做这样的工作。

对研究语音识别的人来说，这是比较具有震撼性的。微软在 ICML 2012 上采用 Switch Board 数据集做的一个结果，在最好的一个软件能力成熟度模型（CMM）系统上面错误率降了 30%。过去做这个模型的，提出了一个大家公认为有效的模型改进，错误率降了大概也就是 5%。在整个学界，国际上要么数据增加，要么模型改进，要么有新的特征，要么特征和模型组合，每年在往前走的，大概错误率降低 5%。这个从一开始就不是和一般的系统做比较，而是和最好的系统做比较，错误率降低 32%。

我们实验室在很大规模（1600 多个小时）的语音数据上面做了一个非特定的系统。在同样的数据规模下，我们的错误率也是降低了 29%，差不多是降低了 30%。而且这是在不同集合里实现的。如果要说效果，在数据很少的情况下，它还有一个特点，就是如果 DNN-HMM 只有 130 小时的语音，它也比 1650 小时的效果要好。从中我们可以看到，DNN 在语音识别里取得了一个非常震撼的效果。但是现在谷歌在图像方面也做出了非常好的结果。

这里有一个很大的问题，就是训练比较花时间，所以现在基于 DNN 的并行化训练问题也是关注的一个焦点。如果数据不断增加，DNN 识别精度提升的潜力还没有停止。数据多了以后，训练速度越来越慢，而且中央处理器（CPU）不太稳定，温度一高就要中断。所以我们现在做多机，一个节点主机加多 CPU 这种集群的大规模神经网络系统的并行学习算法研究和实现，目的就是把数据不断地加上去。另外就是神经网络规模能不能往上走。我们现在大概在几万到十万级的节点。有没有可能做到百万级到千万级的神经元？甚至更高的？语音那块儿，几百万应该能达到非常好的效果。当然连接性是几千万的连接，有可能到十亿、几十亿这样的规模，不断地往前走。

另外，DNN 具备一个很好的特点，抗噪性能非常好。以前抗噪方面做了很多的算法，如特征层、信号层。但是在 DNN 里，基本上就算拿一个最原始的 FFT 加进去，它的效果跟 MFCC 也差不了多少。可以看到，对平稳噪声基本上可以达到错误率降低 50%，而不做任何特征层的处理。对非平稳噪声也有 38% 的错误率降低。

我们最近还做了一个实验。语音数据很重要，8 千字节（KB）的数据和 16 千字节（KB）的数据以前混在一个模型里怎么混都很困难。我们在 DNN 初步的一个实验里面把 8 千字节（KB）和 16 千字节（KB）混在一起，能同时提高两个级的性能。它的工作机理是低采样率的数据在特征提取过程中，对其高频部分进行补零处理，最终训练一个 DNN 模型来实现多通道的融合。当然我们这个实验得到的还是一个仿真的数据，真实的数据还有一点儿问题，我们还在做。

另外就是 DNN 的多语言处理能力。怎么把多种语言混合在一起也是一个热点。采用 DNN 训练一个多语言输入的模型，这个模型能处理在多语言条件下的连续语音识别。在 DNN 的输出层/中间层采用多语言的通用音子集，训练得到一个通用的声学模型，基于该声学模型的多语言识别器能够完成对集内的不同语言的语音信号的识别。

现在已经有人提出攻陷语音识别最后堡垒的杀手锏——通道无关性，即对语音的感知与语音传输通道大致无关。通过数据以及学习算法的不断完善，DNN 无疑将进一步改进语音识别的性能。与人的听觉系统相比，DNN 结构上不一定近似，但功能特点应具有一定的相似性。所以像通道的问题、多语言的问题，估计 DNN 都能解决得非常好。

但是另外的问题还没有做，能做成什么样子还要创新。比如，对于人的听觉来说，最重要的就是听觉注意机制，我们叫作鸡尾酒效应，也就是人耳的掩蔽效应。几个人聚会的时候，能把注意力放到某个自己感兴趣的地方。反映到信号处理上，可能是信号的分离。用神经网络怎么实现信号分离，这一块可能从结构和学习方法上还要进一步创新。

## 三、语音信息处理的基本问题

互联网模式下的语音识别，基本上书面语言的变化问题现在可以用几百吉字节（G）甚至几个太字节（T）的语料，用四元或更高的统计模型来解决这个问题。另外，Reading&Prepared 和稍微带点儿口音的变化问题，用几千小时的语音 DNN 训练基本上都可以解决。但是一般的平稳噪声问题，DNN 就把特征变换和建模优化在一起，应该也解决得非常好。

当然还有很多问题。比如图 3 所示的是一个典型的应用场景，网吧里面很多人在用 QQ 聊天，非平稳噪音很严重。还有各种各样的即时通信软件，压缩率比较高。当然还有口语化、多语言（如各种各样的口音）的问题。这些问题应该说还是很大，需要去继续解决。

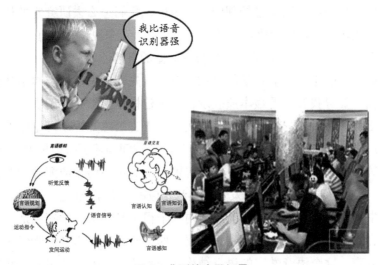

图 3　典型的应用场景

从深度神经网络（Deep Neural Network）可以看到，模型还需要不断地去优化，尤其要结合计算能力的增长。实际上，研究应用人工神经网络改进语音识别早在 1980 年年底就已经起步了，但是一直没能被商业语音识别系统使用，主要是因为性能不佳。微软研究人员在深度神经网络上取得了突破，使其在性能上能赶上目前最先进的语音识别技术。可以预料，模型和算法等伴随着计算能力的发展具有巨大的创新空间。

重点突破高强度噪声和语义理解方向的创新性技术这一块的变化会非常多。在前端处理方面，对于传输通道复杂、背景噪声动态范围极大等复杂数据，现有的很多技术在实际环境下无法正常工作，而这些问题不是完全靠穷尽数据和海量计算可以解决的。在后端深度处理方面，现有语言理解都通过"头痛医头，脚痛医脚"的方法加以解决，但在分类准确率上面临瓶颈，迫切需要真正从语义层面加以解决，从而进一步提高分类、过滤等准确率。所以这里面需要我们进一步去做。

当然，这里面跨学科的言语科学应当得到高度重视。通过建立大规模 Everyday Audio 数据采集工具能发现很多新的数据特性，研究语音产生和感知的基本科学原理、研究语音语言的脑处理机制、进行语音信号中的各种信息发掘等。

但是从做信号和信息处理的学科角度，我们怎么去研究它的核心问题呢？我认为还是语音语言的结构问题。对语音来说，基本有三大结构，实际上也是 2013 年启动的 973 项目里面做的事情。

第一个就是口语语音学的结构问题。首先，音位映射与声学建模研究方面，要寻找音位的最本质表示，减少建模单元数目，解决语音识别中多语言、多口音的混合问题。其次，基于言语感知运动理论中的音素范畴形成理论。再次，研究多言语音位的全空间描述和映射模型。又次，建立统一的多言语音位空间。然后，用较少的标注语音或海量的非标注语音。最后，自动建立新的发音词典和相应的音素子空间。

中华人民共和国成立以前，国内一个很著名的语音学家到地方上调研方言。到一个地方，他大概只需要三四天时间就能学会、听懂这个地方的方言。这个语音学家的语音结构认知得非常清楚。这里就是我们怎么去做多语言、做口音等方面的问题。实际上，这些都涉及我们怎么去发现、利用语音学里面先验的知识结构。

第二个就是口语语言结构的问题。刚才讲的书面语其实现在不需要去发现结构了。从识别角度来看，统计模型已经把它覆盖得非常好了。但是口语确实非常复杂，有重复的插入语言，就是中间有很多废话，还有说错了可能会回过头来修正。所以口语的语言结构问题，现在用统计去覆盖时，语量非常少，不像书面语那么多，而且结构问题更加复杂。

第三个讲一个更复杂的问题，就是常说的言外之意，即韵律横跨语音和语言。在语音里面，我们把它叫做超因段特征。很多言外之意很难去体会或直接表述。这个结构更加复杂，涉及语音、语义的东西。但是这个东西很重要。口语里面有一段话，我们100%把它识别出来了，但是我们再单独去看这段话的文字时，这段话讲的是什么意思基本上就无法理解了，也就是它的韵律信息丢了以后，纯粹靠文本的信息是无法去理解这段话的。

所以这里面，语音、语言和横跨语音语言的韵律这三个结构问题，是我们要重点去解决的问题。

做视觉里面的一张片子，拿过来也一样适用于语音。麻省理工学院人工智能之父马文·明斯基（Marvin Lee Minsky）是做规则的理解的。现在他的观点也变了，他认为多样性和复杂性是智能的本质，必须来变革传统的感知技术，才能应对复杂、多变、海量的语音数据的挑战。

原来我们讲模式识别、特征分类、特征提取、模式分类，都是这个模式，语音、图像也都是这个模式。现在可能更多的是像DNN这样端到端的模式感知，不再区分特征提取和模型分类，两者优化在一起了，如深度神经网络。当然没有时序的东西，我们还是用HMM来建模的。但是DNN把这个特征直接和哪个因素的某个状态产生了相应的映射。所以，现在对输入什么特征已经不敏感了。新的模式识别感知适用于解决"大数据"时代复杂多变的感知任务——"以不变应万变"（图4）。总而言之，从数据直接到概念要素是当前对大数据语义理解的变革性思路——"语义就在大数据中"。

端到端模式感知　　　　　　斑马

**图4　模式识别感知新思路**

所以，我们要去探索这样的直接从数据里学习的分类知识。我觉得这是我们面临的一个机会，也是一个挑战。

# 农资物联网与食品安全

## 王儒敬

中国科学院合肥智能机械研究所副所长，研究员，博士生导师。长期从事农业智能信息化及精准农业的理论、方法与技术研究。主持中国科学院重点部署项目"现代农资经营与智能农业服务系统"、世界银行农业科技创新基金项目"安徽绿色农业信息服务技术体系建设与示范"、安徽省农业物联网工程、中国科学院战略性先导科技专项、863计划、国家科技支撑计划等项目22项。先后获得国家科学技术进步奖二等奖1项、安徽省科学技术进步奖一等奖1项、合肥市科学技术进步奖一等奖1项。

Wang Rujing

王儒敬

农产品质量安全的话题是当今社会的热门话题之一。保障农产品的质量安全，需要对从农产品的生产到食用整个链条中的每个环节进行考量。简单来说，整个链条可以分为三个环节，分别是农资的投入、农业的生产和最终的食品。要保证农产品质量的安全，农资的投入是源头。因为农产品的安全实际上主要依赖于土壤的安全，而农资中农药及化肥的施用关系到土壤环境、水环境及大气环境，所以农资的投入环节的把控对于食品安全的保障尤为重要。本文将通过这个链条分析如何保障我国的食品安全。

## 一、农产品质量安全的概念

农产品指的是农业生产活动中获得的植物、动物及微生物产品。例如，来自植物的小麦、来自动物的猪牛羊肉以及微生物加工的酸奶都是我们日常食用的农产品。农产品质量安全实际就是指所食用的农产品是符合标准和要求的，是有益于人的健康的。对于这个目标的保障其实是一个非常复杂的过程。

一碗米饭端上餐桌要经过多少个工序？粗略地统计需要上百道工序，而这上百道工序中影响食品安全的参数有1500多个。这些参数取值在合理的区间才能真正地保证一碗米饭从种到收，到端到人们的餐桌是安全的。例如，水稻怎么插秧、施肥、灌溉、施药、收割、脱粒、晾晒、进仓，以及进仓以后怎么收购、加工、出售，才能最终保证一碗米饭安全地端上人们的餐桌。可见农业生产是一个非常复杂的过程。

具体地，农产品产前需要犁田、选种，准备化肥、种子和农药；产中包括播种、施肥、施药、灌溉、追肥；产后包括收割、加工和出售。

产中最容易对农产品产生污染，关键是施肥、施药和追肥不当等都可以造成农田的重金属污染或产生有机污染物。污染物沉淀到土壤里，就会被作物吸收；被污染的农产品被食用，就造成严重的农产品质量安全问题。

发生于湖南的大米镉超标事件就是严重的土壤污染造成的。经检测，40% 的被检大米镉超标。食用镉超标的农产品是致癌的，影响特别大。所以，农产品质量安全是和每个人的健康息息相关的大事，关注我国农产品安全及食品安全是国计民生的头等大事。

农产品不安全到底是由哪些因素造成的？主要是由于环境污染造成的。一是土壤污染。根据国家测定并公布的信息，目前全国有 2000 万公顷土地受到不同程度地污染，主要是施肥、施药、工业"三废"、矿产的开采等造成重金属污染或产生有机污染物。北方主要是铅超标，南方主要是镉超标。二是水污染。水污染主要是富营养化造成的，下雨肥料随着雨水进到河里，原来河水里的营养没有那么多，现在富磷、富氮，水里的水草长得特别快，造成水污染。另外，工业、硝酸盐、有机氯和有机磷的化工污染物在土壤中的沉积也是一大污染来源。

通过分析，目前化肥污染是最主要的因素，占污染物的 35%。农民在施肥时，化肥经常超标，容易导致化肥中的氮、磷、钾和重金属沉积到土壤里，没有被作物吸收。特别地，磷和土壤里的其他物质结合就产生有机污染物沉积到土壤里，很难治理。同时，养殖业与农业兽药残留超标也占很大比例。

因此，目前针对我国食品安全问题，亟待解决的是如何把土壤里的污染物快速地减少。合理的方法是利用物联网技术对农产品生产环境进行感知，对农资的使用进行很好的控制以及正确指导农民合理地施肥和施药。

## 二、农业物联网的概念

物联网是把物和物联系起来，实际上就是一个物体与另外一个物体通过传感器进行相互之间的感知。农业物联网是把农业各种要素的生产过程及各个生产系统做非常好的连接。农业物联网可以形象、简单地理解为把田连起来称作田联网，把水连起来称作水联网，把种子连起来称作种联网，类似的还有肥联网、药联网、农机联网等。

实现物联网功能的关键技术是感知。具体地说，需要对水进行感知、对土进行感知、对气进行感知、对作物本体进行感知、对畜牧进行感知、对水产进行感知，同时还对整个生产过程进行感知。这些环节缺一不可。

例如大米，若生产过程是安全的，土壤、气、水均是环保的，加工过程也是安全的，但是由于仓库保管不善，温度、湿度高了，发生了霉变，就变得不安全了。霉变的大米里产生亚硝酸盐，亚硝酸盐是一种致癌物质。所以食品安全需要对各个环节进行监测，需要利用物联网技术将各个要素连起来，把整个生产过程连起来，通过整个生产过程中参数的跟踪、每个参数跟进提前预警才能确保生产优质的农产品。也就是说，物联网是确保我国食品安全和农产品安全的一个非常好的办法。

立足农业物联网项目任务，在中国科学院"率先行动"计划的支持下，研究团队从农资溯源领域入手，将物联网技术应用于农产品的生产、加工、仓储、物流、销售各个环节，最终形成生产安全农产品的链条。并制定严格的 GB 码行业标准，规范各环节中的信息感知。

若每袋大米是谁生产的、谁加工的、谁运输的、谁仓储的、谁消费的这些信息都能够感知到，并将生产、仓储、加工、物流和销售中各个环节参数通过物联网进行监测，那么当大米出现质量安全问题时，就可以追责。到底是仓储的过程、加工的过程、物流的过程还是消费的过程出现了问题，就可以很清楚地追究到责任。

农业物联网为我国食品安全的严格执法形成一个非常好的技术保障体系。而这个技术保障体系一旦建立起来，就不会有急切求利的人再敢往食品里添加非法食品添加剂，不敢乱施农药、乱施化肥，造成农产品的污染，加工仓储的过程中也会小心保管农产品，更不会再把霉变的大米拿到市场上去卖。这样的物联网体系可以使我国的农产品质量安全保障体系建立起来，老百姓就能吃到放心的食品。

国外的农业物联网也是近几年发展起来的。但是国外的技术条件、技术支撑、核心技术比我国先进。农业物联网的发展模式在国际上基本可以分为三大类模式。

第一个模式就是以美国、加拿大为代表的依托 3S 技术〔RS 技术、地理信息系统（GIS）和全球定位系统（GPS）等技术］构建的物联网。这些国家的土地集约化和规模化程度非常高，农场主的文化水平也高。土地集约化程度非常高，可以更加容易地利用物联网技术，包括 3S 技术。通过 3S 系统，遥感技术可以感知作物的生长情况、产量、种植结构、旱情和涝情、大的病虫灾情况；通过 GIS 技术，把土壤的类型、土壤的肥力、土壤的基本情况通过空间地理信息系统进行管理；通过 GPS 定位技术，耕地的时候就耕得直，播种的时候也播得直，收割的时候收得直，整个农艺过程全部变成规范化和标准化，但是若走不直，最后收割的时候，就会把粮食都掉到土地上而浪费，所以农艺过程非常重要。以美国和加拿大为代表的国家的智能化技术高度发达，3S 技术高度发展。现在我国在这些技术上逐步跟进，但仍然没能赶超美国。

第二个模式是以日本、以色列为代表的依托设施农业技术构建的物联网。日本和以色列的土地极其短缺，所以必须应用物联网技术达到精细化生产从而提高产量达到自足。因为都是沙漠化土地，以色列节水农业做得非常好，应该是世界上独一无二的。这个设施农业是温室大棚——最普通的设施农业，形成对农业生产的可控环境。温度低了可以升温，温度高了可以降温，湿度低了可以增加，湿度高了可以往下降。在日本和以色列，农业的种植基本上是完全可控的。温室大棚有的是有土的，而有的是无土的，那么植物生长就靠营养液。在营养液里生长的作物非常安全、精准，根据氮、磷、钾的需求进行准确提供。这样的精细化控制，为农产品安全提供了非常好的保障。

第三个模式是以荷兰和丹麦为代表的精细化农艺物联网发展模式。荷兰和丹麦的可利用土地非常少，但是它们都是世界上的养猪王国。在荷兰，猪按照标准化的方式进行养殖，建立科学严格的作息制度，并精准控制每头猪的进食量。这个养殖过程非常标准和规范。

### 三、农资物联网

以上讲述了农业生产过程中怎样保证食品安全，而实际上食品安全的源头是供应的农资。

我国的农资存在两个问题。一是假冒的农资比较多。若哪个化肥卖得快，就很快被仿造。正规的化肥含氮量在 16% 左右，这些比例在出厂的时候就有标签规定，而实际上仿造的化肥的含氮量连 2% 都达不到。由于仿造水平较高，农民在购买时不能辨别，这样对农民的农产品产量造成很大的影响，同时一些污染物还会污染农田。化肥和农药打假每年的费用是上百亿元。我国发生了很多假种子事件，若农民买到假种子，一年基本上颗粒无收，这是一个重大的问题。二是农民对农资的使用缺少技术指导。农民滥施肥、滥施药的情况特别严重。农民施化肥，都是根据经验来决定施肥的种类及施肥量，根本达不到精准。对于农民施药的问题，若田里有虫，不会去识别虫的类型有针对性地施药而是会在商店里买强度最大的农药撒到地里。

　　针对以上两个问题，中国科学院做了很好的战略布局。首先，中国科学院 2010 年与全国各供销社合作，实施化肥、农药、种子追溯。根据国家标准，中国科学院建议，现在实行每个化肥袋上都要打一个二维码，主要是在生产的环节出厂时会贴码，如图 1 所示。

图 1　中国科学院农资新"标签"——二维码

现在生产化肥都需要打上中国科学院生产的二维码。若化肥生产出来时没有打码，在进入仓库的时候还可以打码。中国科学院把各个环节都控制住，再不会有人对农资进行造假。这是中国科学院做出的一个突破，现在已经赶上国外先进水平。其次，在追溯的同时，中国科学院建立了一个大的服务平台，包括土壤的快速感知传感器技术和病虫害识别技术，为农民提供技术性的服务，让农民不再滥施肥、滥施药。将激光和近红外研制的设备挂在拖拉机后面，若拖拉机在前面行进，这个设备就可以将土壤里的氮、磷、钾、重金属、微量元素、有机质、含水量等所有成分扫描、显示出来，类似于为人体做扫描。通过这个技术我们可以准确地知道土壤里所缺的成分及所缺的程度，这样就可以为农民提供标准的施肥方案。我们研究团队基于拖拉机的车载土壤养分与重金属污染物快速检测装置和土壤检测系统如图2和图3所示。

 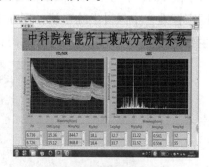

图2 车载土壤成分速测系统实物图　　图3 系统数据显示界面

在病虫害识别技术方面，农民只要用手机拍下病害、虫害或草害，通过已经建立的服务系统，计算机就会自动识别出病害、虫害及草害的种类，就可以对症用药。同时方法也要用好，早上、晚上和中午的用药效果是不一样的，要区分虫害是在卵期打、虫期打还是蛾期打。所以这套技术是一个非常好的突破，为我国农民不再滥施药提供了非常好的支持。我们团队做病虫害识别，现在可以对大田中的70类害虫、34类病害、10类草害进行识别。其中，害虫识别率达到90%，病害识别率达到85%，草害识别率达到95%（图4）。

国外的很多专家对我们这项技术进行预评估，了解我们这套技术在世界上的先进性如何后，对我们所做的成果表示惊讶。这项技术目前由中国联通进行推广。

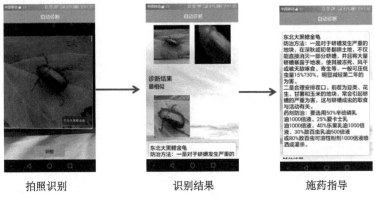

拍照识别　　　　　　　识别结果　　　　　　　施药指导

图4　病虫害识别过程

## 四、结语

农资物联网的工作成绩得到时任副总理汪洋的高度评价，包括编码标准、全国的农资经营网店、支撑平台。目前联合供销社已在全国范围开展以下几项工作，包括农资的追溯、防伪、技术服务、电子商务等，同时联合农业部正在做全国的农业物联网支撑平台，为我国的食品安全提供全面支撑。

# 地质流体与成矿作用

## 倪　培

南京大学教授，主要从事金属矿床的成矿机理和成岩、成矿过程的流体作用研究，主持了多项国家自然科学基金项目、科技部科技支撑项目，全国危机矿山接替资源找矿项目等多项矿产资源类应用基础研究项目。

*Ni Pei*

............................................................

倪　培

关于这个标题，我主要讲以下五个部分：地质流体、成矿流体、典型金属矿床成矿流体、成矿流体研究的新进展、我国成矿流体研究。实际上，这其中最主要的两个内容就是第三部分和第四部分。

## 一、地质流体

按照我们讲的物理学和化学的定义，流体只能指气体或者液体。但是对于地质流体，除了气体和液体以外，肯定还涉及很多固体的东西。所以我们现在用的这个定义就是从 Fyfe 1978 年的地壳中的流体中来的。如果一个体系在应力或外力的作用下能够发生流动，并且与周围物质处于相对平衡，那么我们就称之为流体。现在我们用的所有地质流体的定义基本都是从这儿来的。

但是，我们实际用的主要是两个最简单的分类。一个就是按照化学成分来分类，主要是三个部分。一个就是岩浆或硅酸盐的一种熔体，我们将它归到地质流体的一个主要研究领域。另外一个就是各种各样的水质流体，不管是纯水、水-盐流体或是水-盐-挥发分流体，这些都是以水溶液为主的流体。还有就是各种各样的有机流体，包括石油和天然气，就归到另外一部分。当然，地质学家更常用的是按照地质的产状和成因的分类。所以我们主要看岩浆流体、变质流体、海水、热卤水（含盐比较高的地热水、地层水）、地下水（含盐比较低的大气降水）、石油、天然气。

## 二、成矿流体

为什么要讲成矿流体呢？因为成矿物质的来源、搬运、沉淀的整个过程都离不开流体作用。所以，涂光炽先生在1995年给卢焕章的《成矿流体》这本书上写的序里讲了这句话："没有流体就没有矿床。"但是我们也应该知道，不是所有的流体都能成矿。这也就是我们研究成矿流体的原因。

那么，什么是成矿流体呢？成矿流体的英文是ore-forming fluid，翻译成中文为"形成矿床的流体"。也即这种流体如果能够形成矿床，我们就称之为成矿流体。基本上成矿流体的来源主要有两个：一个是某些原始的流体本身就具有成矿流体的特征，自身分离出流体相以后，就富含成矿物质，所以它本身就是成矿流体；还有一种流体，它最初并不具备成矿流体的特征，但是经过和周围岩石矿物的相互作用，可以把围岩中能够成矿的元素及$SiO_2$等吸收进来，从而形成成矿流体。基本上，成矿流体的形成就这两种方式。

像现在正在发生的成矿作用或者海底热液硫化物，我们可以直接测定它的成矿流体（这是特例）。除此以外，我们在矿床中所看到的流体基本上都是古的流体，其主要的保存形式就是我们目前唯一能看到的一种形式——流体包裹体。那么，流体包裹体是什么呢？晶体在生长过程中，可以把某些这样的成矿母质流体捕获到晶体晶格缺陷中，就形成了这样的流体包裹体。图1就是它的纳米尺寸的照片。可以看到，这样一个小坑实际上就是晶格缺陷。如果流体在晶格缺陷里被捕获，然后进一步地封闭演化以后，就形成了流体包裹体。所以，沿着这个水晶的环带形成的麻麻点点的小东西就是通常讲的流体包裹体。如果在岩石薄片下面将之放大倍数，就可以看到图2这样的内容。

捕获的流体可以是气体、液体或超临界流体，这些是我们常见的。它可以捕获各种各样的流体成分，如纯水、含各种盐度的卤水以及气体或含气体的液体。另外，它捕获的也可以是各种各样的熔体，包括我们通常见到的硅酸盐熔体、硫化物熔体、碳酸盐熔体这三类。

图3所示的这些就是我们通常看到的包裹体。图3（a）就是我们讲的气液两相包裹体。图3（b）就是里面含二氧化碳的包裹体，可以分出气相、液相两相来，临界温度是31摄氏度。也就是说，如果温度低于31摄氏度，我们就有可能看到二氧化碳的两相。图3（c）就是含有各种

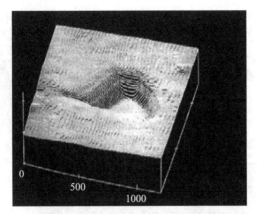

**图1　晶格缺陷的纳米尺度的照片**

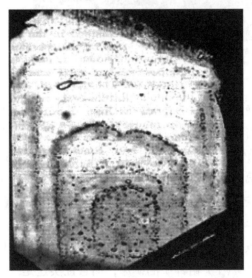

**图2　流体包裹体在岩石薄片下放大的照片**

盐的包裹体。图3（d）和图3（e）就是典型的熔体包裹体，是在马里亚纳海沟采来的。熔体包裹体和流体包裹体最主要的区别就是，流体包裹体中只可能是一个气泡，如果看到一个以上的气泡，那肯定就是熔体包裹体。

　　那么流体包裹体能提供什么信息呢？它主要能提供三个方面的信息：一个是成矿流体的温度、压力条件，成矿流体的化学组成信息，成矿流体来源的信息。我们根据这些可以得出这样一种流体的成矿模式。所以，

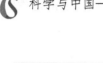

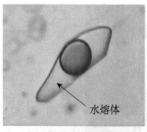

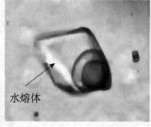

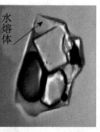

(a) 气液两相包裹体　　　(b) 含有二氧化碳的包裹体　(c) 含有各种盐的包裹体

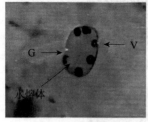

(d) 熔体包裹体　　　　　　(e) 熔体包裹体

**图3　放大后的流体包裹体**

现在我们讲的绝大多数的热液矿床的成矿模式其实就是热液矿床的流体的一种沉淀模式，基本上就是这样。

对包裹体的研究，最早可以追溯到1858年英国索尔比（Sorby）爵士写的有关其的第一篇文章。但是在他之后，因为牵扯很多理论问题，尤其是和地质的结合，所以这方面的研究进展并不大。一直到1950年前后，从美国哈佛大学罗德（Roedder）教授的研究开始，包裹体才真正地进入地质应用的领域。罗德教授最早做的工作，就是利用流体包裹体研究密西西比河谷型（MVT）铅锌矿的矿床，而且证实这是一个非常有效的工具。所以从此以后，流体包裹体成了成矿研究的一个必需内容。如果我们现在做热液矿床研究，却不做流体包裹体研究，那么基本上这个成矿的研究是欠缺的。所以说，基本上就是这两位专家奠定了这个基础。

对于流体的研究，从图4所示的一个简单图上面可以看到，从来源流出以后，可能要经过一个长距离的搬运。在这个过程中，流体就会和岩石发生反应。当然，也有可能有的从来源流出的本身就是成矿流体，也有可能是流体通过这样的一种相互作用获得了成矿物质，变成了成矿流体，进而在矿床的位置沉淀下来，形成了这样一种金属矿床。

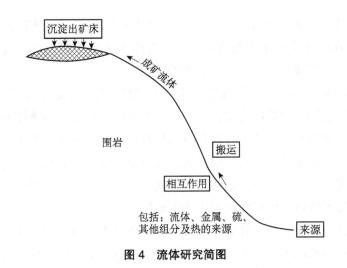

图 4　流体研究简图

以热液矿床（图 5）为例。流体与金属的来源、络合剂〔以水质（包括挥发分）为主〕的来源可以是同一个来源，也可以不是一个来源。

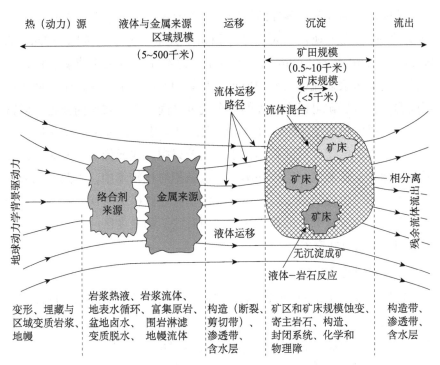

图 5　热液矿床

如果这两个是同一个来源，那么它就是上面说的第一种成矿流体，即它初始就具备成矿流体的特征。如果这两个来源不同，那么成矿物质往往是经过流体和岩石的反应获得的。

成矿流体形成了以后，它实际上有三种最主要的沉淀方式。从化学角度来讲这三种最主要的方式。第一种就是成矿流体和其他流体发生了混合作用，导致矿床形成，这就是我们平常讲的岩浆水和大气水的混合可以导致矿床的形成。但是，很多的金属物质可能来自岩浆。这是一种主要的沉淀方式。另一种方式就是成矿流体发生了相分离。相分离主要有两种。富水流体的沸腾作用可以产生矿床，压力、温度急剧下降就产生了这样的矿床；另外一种就是富挥发分流体的不混溶作用，即通常讲的二氧化碳和水的不混溶作用，可以导致矿床的形成。第三种方式就是成矿流体的一种简单冷却作用，同样可以导致形成矿床。

## 三、典型金属矿床成矿流体

矿床可以形成各种各样的构造环境（图6）。对于各种各样的矿，从20世纪50年代到现在，人们已经积累了大量的知识。英国的 Jamie J. Wilkinson 2001 年在 Lithos 这个专题上，总结了迄今关于成矿流体，尤其是热液矿床成矿流体研究的成果，都集中在图7上。从这个上面我们可以看到，斑岩矿可以有很大的一个盐度区间，夕卡岩矿同样也可以富含盐。钨锡矿的盐度区间也可以比较大，可以达到超过 40% 的区间。但是，脉状金矿的盐度区间就非常小，比较集中。浅成低温热液矿的盐度区间比脉状金矿要大，但也并不大，也是相对比较集中。密西西比河谷型铅锌矿相对也比较集中。所以，我们来看这些矿的时候就会了解，为什么有些矿会有这么大的盐度区间，而有些矿的盐度区间比较小，这主要是和沉淀的方式有关。

### 1. 斑岩型的铜钼矿

我们先看看斑岩型的铜钼矿。斑岩型的铜钼矿的形成基本可以简单地将之归结为岩浆的热液和流体沸腾的一种作用。也就是说，其主要的成矿物质来自岩浆，主要的成矿机制是流体的沸腾作用。

关于斑岩铜矿的最早成矿模式是 1970 年 Lowell 和 Guilbert 提出的，

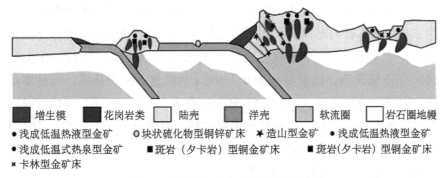

■ 增生楔　■ 花岗岩类　□ 陆壳　■ 洋壳　■ 软流圈　□ 岩石圈地幔

● 浅成低温热液型金矿　○ 块状硫化物型铜锌矿床　★ 造山型金矿　● 浅成低温热液型金矿
● 浅成低温式热泉型金矿　■ 斑岩（夕卡岩）型铜金矿床　■ 斑岩（夕卡岩）型铜金矿床
✕ 卡林型金矿床

**图 6　各类流体成矿系统的构造环境**

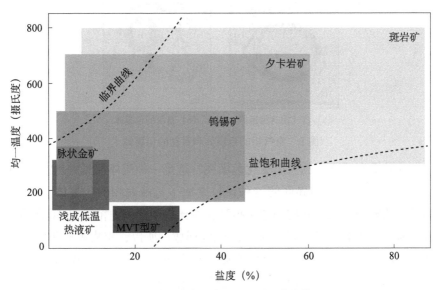

**图 7　典型热液矿床均一温度–盐度范围**

是非常经典的成矿模式。翟裕生先生的书中也有这样的一种成矿模式。所以我们知道，一个就是一种蚀变，即中间是富硅带，然后是钾化带、黄铁绢英岩化带，最后是外面的青磐岩化带。和它对应的主要矿体形成在这两边的矿壳上面，相对比较多；而整个黄铁绢英岩化带里边，是斑岩铜矿产出的地方。这就是基本的热液分代和矿体分布。我们可以看到，钾化带、黄铁绢英岩化带里边都可以有这种矿。

　　对这类矿，已经做了非常典型的一个包裹体组合。罗德 1984 年在他有关包裹体的专著中给出这样两张图（图 8）。一张是富气相的包裹体，一张是富盐的包裹体。但是，富气相和富盐的包裹体里面都有金属的子矿物。尽管当时没有人做这个气相迁移，但是这就是包裹体反映出来的一个地质事实。所以我们就可以看到，斑岩矿的均一温度基本上是200～700摄氏度，盐度变化为0～70%（当然这不一定是零，而是零点几，大概在0.1%、0.2%左右）。它可以有多个子矿物出现，除了钾盐、石盐以外，也可以有各种各样的金属矿物（如黄铜矿、赤铁矿）。然后，必须有流体沸腾现象，这是至关重要的。在它的外带有大气水加入。基本上得出来的就是这样一个特点。

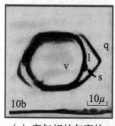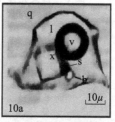

（a）富气相的包裹体　　　　（b）富盐的包裹体

**图8　富气相的包裹体和富盐的包裹体**

为什么有这么大的盐度变化范围呢？这是一种流体沸腾的机制。750摄氏度时捕获在超临界区的这种流体变成了气液两相的包裹体。但是，如果突然减压（从150兆帕忽然掉到相对比较小的压力范围），就会马上发生流体的沸腾，从而导致两个端元的形成。所以，斑岩铜矿里非常富盐，并不表明斑岩铜矿的矿体本身就这么富盐，这是一种错误的观念。

我们再看图9就知道了。它初始只要有10%的盐，当忽然由于减压沸腾掉到这样一个流体不混溶区以后，一方面它可以分离出一个非常小（只有1%左右）的富气端元，同时又可以形成另外一个50%左右富盐的端元，这就是它有这么大的盐度变化范围的原因。这样就可以非常好地解释这种斑岩铜矿形成的机制。也就是说，当温度从750摄氏度一下掉到这个区域，就可以发现这两个包裹体组合（一个富盐、一个富气），而它的两个端元捕获的温度就是750摄氏度。

所以，斑岩铜矿这个矿体的流体机制是非常完善的，到目前为止基本上没有什么例外。目前国内的斑岩铜矿、钼矿最大的特点就是相对比较富二氧化碳。当然，很多文章（包括我们以前一起写的）对此有过解

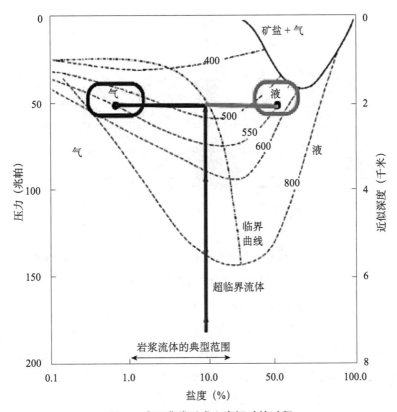

**图 9　减压沸腾形成斑岩铜矿的过程**

释。但是对机制的解释，我觉得还需要进一步地完善。从理论到实验岩石学，仍然有很多工作需要做。

### 2. 浅成热液矿床

我一般把浅成热液矿床归结为岩浆热液加大气水。这两个端元实际上应该是加减，可以有大气水，也可以没有大气水，两种都是存在的。如果有大气水，基本上是一个流体混合的模式，我们可以来看这样的一个结构（图 10）。

从图 10 可以看出，其下面是一个斑岩体（斑岩的铜金矿）。到了上面，就变成了浅成热液。所以通过这张图我们可以知道，斑岩铜矿肯定和岩浆流体的关系更加密切，这是毫无疑问的。而浅成热液，由于很多部分已经靠近地表了，所以它有可能有大气水的参与。

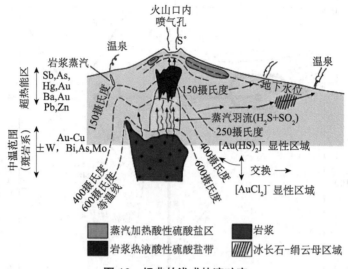

**图 10　经典的浅成热液矿床**

图 11 就是 Hedenquist 在 1998 年做的一张图，他做的是远东南斑岩铜矿。从这个图可以看到，下面的斑岩矿和上面的浅成热液矿形成一个非常好的连续模式。下面的斑岩矿的温度可以达到 500~550 摄氏度；上面的浅成热液矿最低的温度也就是 190 多摄氏度。所以这是非常好的变化。从 500 多摄氏度到 280 摄氏度、250 摄氏度、240 摄氏度、230 摄氏度，逐渐降到了 100 多摄氏度，可以看到这有一个很好的变化趋势。

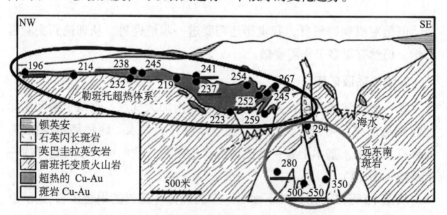

**图 11　远东南斑岩铜矿和勒班托高硫浅成热液矿床**

同样，图 12 所示的一个流体包裹体工作也更加表明了这一点。这个

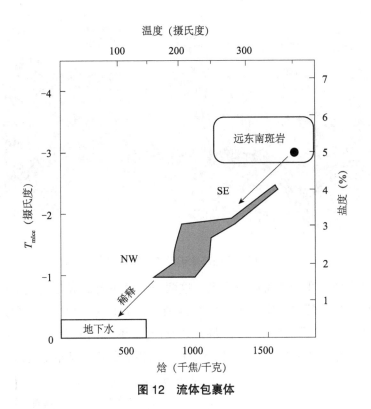

**图 12　流体包裹体**

就是远东南的一个斑岩矿，上面的一个是一种浅成热液矿。所以，从斑岩矿到浅成热液矿，呈现出非常明显的温度降低和盐度降低。这说明什么呢？大气降水的参与，非常典型的两个流体在上面就有一种混合的趋势，这个趋势非常好。所以，对浅成热液矿，按照它的经典定义，一般其均一温度小于300摄氏度，如果均一温度到了400摄氏度，它可能就不能叫浅成热液矿了。它的盐度可以有一个相对大一点儿的变化范围，可能从零点几一直变化到12左右。而假如没有沸腾现象发生，但可以有泡腾现象发生，这就是一个基本的典型矿的模式。

### 3. 海底热液矿

从图13我们可以看到海底热液矿形成的构造背景。大洋中脊是很重要的；岛弧也有，像包括日本黑矿这样的岛弧也有；然后就是弧后盆地。三个都有。

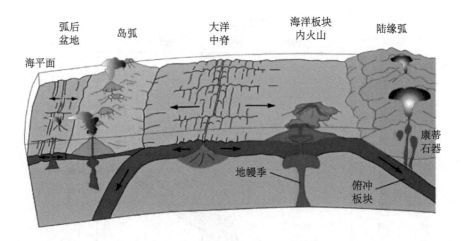

**图 13　海底热液矿形成的构造背景**

从这种图我们也可以看得到，这两类矿最主要的成分就是海水。那么，它的成矿模式是什么呢？如图 14 所示，下面这个相当于一个大的岩基，是一个热的驱动，然后驱动海水的对流循环，来淋滤火山岩里的成矿物质，接着使之在地表喷出来以形成矿。所以它的流体基本上就是海水。

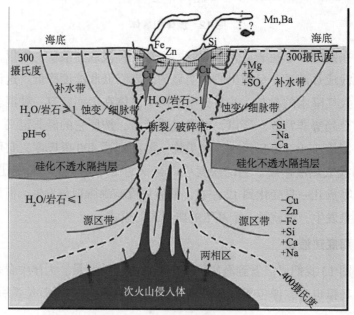

**图 14　海底热液矿形成的示意图**

通过对这类矿的研究，可以知道它基本上有双层构造，但是有的可以看到，有的看不到。一个就是图 15 下面的角砾岩，即角砾的矿化带或脉状矿化带。它上面就是一种层状矿化带，而在这个矿化带里，随着距离喷口的不同，它的矿物成分是不同的。比如说，靠近喷口处，可能就会有磁铁矿、黄铜矿、磁黄铁矿出现；稍微远一点的层，可能有黄铜矿、黄铁矿、闪锌矿出现；再外面有闪锌矿、黄铁矿、方铅矿、重晶石、铁碧玉。这个是非常好的矿物学分带。它和什么有关呢？和流体的温度、盐度都有很大关系。

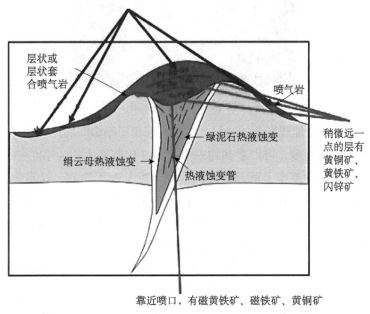

图 15　角砾岩

### 4. 现代热液成矿

对于现代热液成矿，最明显的就是现在的黑烟囱，这是非常典型的（图 16）。这种成矿热液的温度约为 350 摄氏度，是可以用温度计直接测出来的。旁边这个是什么意思呢？这个温度是温度计测得的。这个温度是怎么测得的呢？利用流体包裹体测得的。测的是什么呢？硬石膏。因为海水的温度是 2 摄氏度，它的温度是 350 摄氏度。靠近烟囱的这个地方的温度可以达到330摄氏度，再远处就降到321摄氏度，就是向外温度会逐渐降低。这就是流体包裹体反映出来并被我们记录下来的一个事实。现代正在形成类似这样的黑烟囱，被取回来测得这样一个结果。

图16　现代黑烟囱 [ 成矿热液（350摄氏度），海水（2摄氏度）]

在还不完全能现场测的时候，法国人采集了很多海底热液样品，测了里面重晶石的温度，可以看到均一温度的变化范围大约为180～350摄氏度，而它的盐度基本上就是海水的盐度（即3.5%）左右，这是非常典型的。那么，海水渗流的模式为什么成立？就是因为有流体包裹体的支持。所以，它基本上就是这样一个范围，它是两相包裹体，没有这样的沸腾流体包裹体，这就是一个典型的成矿流体的特征。

陆地块状硫化物矿床的温度范围就会广一点，可能从80摄氏度变化到340摄氏度。就到目前的记录来看，它的盐度可以从1%到8.4%。我们在这方面主要要注意什么呢？就是8.4%的这个盐度显然远远高于海水，海水的盐度只有3.5%。那么，这个盐度是怎么形成的呢？有可能有部分的岩浆流体加入。在研究黑矿的时候，国外学者解释高于海水以上的盐度时往往是这样解释的。无论是能看得到的还是历史时期的，都可能有这样的一种范围。

### 5. 密西西比河谷型铅锌矿床

再看一下罗德最早做的密西西比河谷型铅锌矿床。它是典型的盆地卤水，这类典型矿床主要分布在大陆上。无论是在美洲还是在其他洲，这种矿床在大陆上是比较多的，这跟盆地有关。盆地驱动这样一种卤水循环，然后使之沿着这样一种断裂上升，最终在这个地方就可以形成密西西比河谷型铅锌矿床（图17）。所以，密西西比河谷型铅锌矿床肯定是后生的矿床，不会是原来的，其成矿流体一定是由盆地卤水这样一种模式形成的。

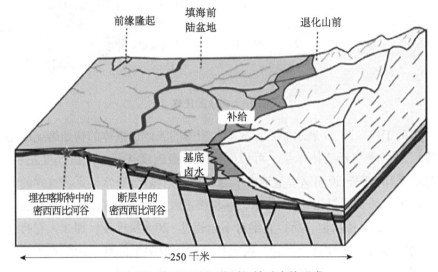

**图17 密西西比河谷型铅锌矿床的形成**

对于其盐度范围为什么这么大，通过后面流体包裹体的研究就可以知道。相对来说，卤水的密度比较大，它从密度大往密度小的地方迁移，从压力大往压力小的地方迁移（图18），所以它能产生这种密西西比河谷型铅锌矿床，因此其均一温度的范围都比较低。因为盆地卤水的温度很少会超过150摄氏度，一般是75～150摄氏度。它可以具有非常高的盐度，甚至达到19%的盐度，但是没有子矿物。为什么没有子矿物？没有流体的沸腾作用，那么就算其初始盐度高，也很难形成子矿物。所以它有一个非常大的特点，即它含有很多有机包裹体，甚至有些石油的包裹体。因为它是盆地卤水大规模迁移而形成的，这是完全有可能的。

它的密度大于1.1克/厘米$^3$，很大。它从密度大的地方向密度小的地方迁移，从压力大的地方向压力小的地方迁移，就导致了密西西比河谷型铅锌矿的形成。我们对密西西比河谷型铅锌矿曾经做过大量的流体包

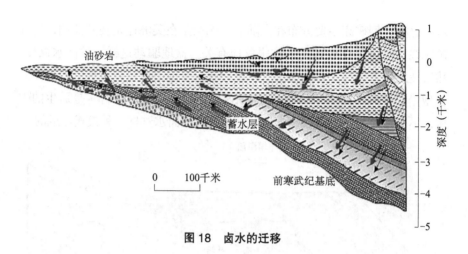

**图18　卤水的迁移**

裹体的工作。图19展示的是什么呢？测得的流体包裹体的初始熔化的温度可以用来判断流体体系，可以低达−25摄氏度甚至−28摄氏度左右。这说明什么呢？说明这些盆地卤水绝对不仅是氯化钠-水体系。这样的一种流体，如果是氯化钠-水体系，其初熔温度就是−20.8摄氏度，其三相点就是−20.8摄氏度，所以它绝对不会超过−20.8摄氏度。那么，它有这么高的盐度，又没有子矿物，说明什么呢？说明里面有二价阳离子（如钙镁离子）参与，从而就导致了这么高的盐度，而没有子晶的这样一种现象。

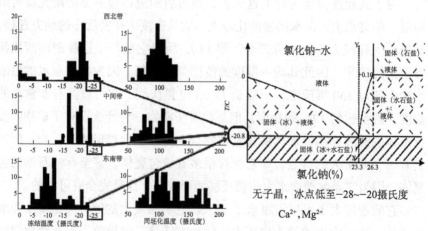

**图19　测得的流体包裹体的初始熔化温度**

### 6. 造山型金矿

造山型金矿基本上就是一种变质流体加上一种流体不混溶的模式。图 20 就是太古代造山型金矿的分布情况。可以看到，几乎在每个大洲上面都有造山型金矿分布。而且国外的主体造山型金矿是太古代的，量还是非常大的。

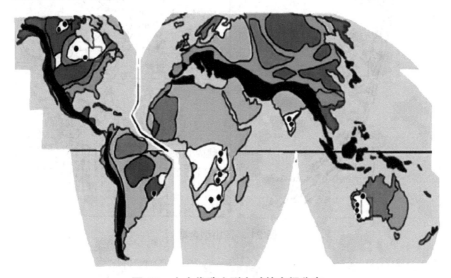

**图 20　太古代造山型金矿的空间分布**

图 21 就是造山型金矿，但是如果把这里所有的都划为造山型金矿，可能的确有点儿问题，尤其是特别浅的这部分，因为它有很多的大气水参与。但是从图 21 上我们可以看到，绝大部分造山型金矿就是一种中温热液金矿。基本上，"中温热液金矿""脉状金矿""造山型金矿"这些词对很多外国人来说是可以混用的。可以看到，它的主体以一种变质流体为主。

但是在这个过程中是不是有岩浆水参与呢？这是有可能的。是不是有地幔流体参与呢？也是有可能的。但是无论如何，它的主体就是一种变质水，这是我们用来辨别它的主要标志。图 22 就是国外做的关于造山型金矿分布的区间示意图，这是氯化钠、水、二氧化碳基本的比例。可以看到，造山型金矿大部分都比较富二氧化碳。为什么呢？就因为它是一种变质流体，这是它最主要的一个特点。

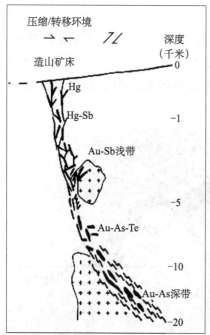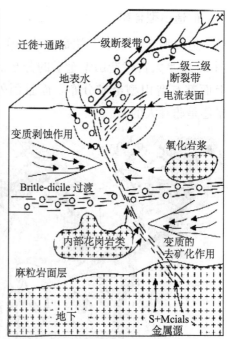

图 21　造山型金矿

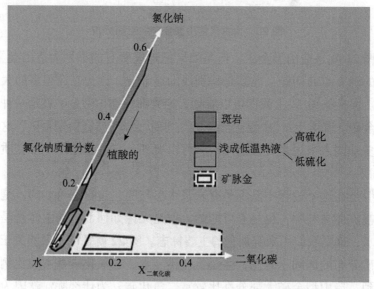

图 22　国外造山型金矿分布的区间示意图

　　造山型金矿的均一温度分布范围基本上就是200～350摄氏度，但是它的盐度不高，低于8%。它的类型，除了水-二氧化碳-氯化钠以外，还可以有其他的挥发分，如甲烷和氮气，这完全是有可能的。其最主要的成矿机制就是流体不混溶。流体不混溶导致金矿的形成，所以尽管它也是相分离型的，但因为它是二氧化碳相和水相的流体不混溶，所以造成盐度之间的差距比纯水体系的流水沸腾要小得多，这个就是它最重要的一个特点。

　　图23是对世界上造山型金矿进行的统计。可以看到，它基本上是落在水、二氧化碳、氯化钠这个体系，也就是流体不混溶的区间内，从中可以看出为什么造山型金矿形成于这种机制。这是非常典型的一个图。可以看到，最高的盐度实际上相当于6%左右的氯化钠盐度。所以我们刚才讲造山型金矿的盐度一般都小于8%，现在测得的这个结果正好就落在这个两相不混溶区，这就进一步证实了这样一种流体的成矿模式。

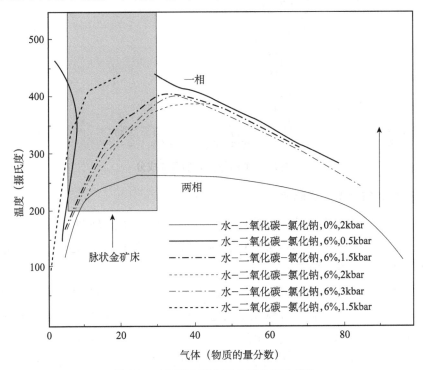

**图23　对世界上造山型金矿进行的统计**

那么图24是什么意思呢？就是除了水、氯化钠、二氧化碳以外，很多造山型金矿可以含有甲烷。那么甲烷的出现意味着什么呢？甲烷的出现意味着造山型金矿中金的形成可以发生在更深的深度。为什么呢？这个图就表明了，二氧化碳相下面就是两相区，上面就是超临界流体区。所以甲烷的这样一种流体不混溶可以发生在比二氧化碳更大的压力情况下。也就是说，如果有甲烷出现，这个金矿的出现完全可以比只有纯二氧化碳的发生在更深的深度。

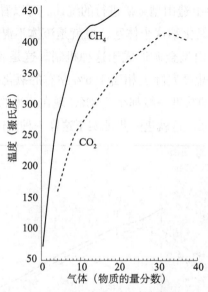

图 24　造山型金矿的气体成分

### 7. 矿床模型的实际意义

介绍了这么多，那么这些矿床是不是有实际的意义呢？它的确是有意义的。以平水铜矿的铜金矿体为例。解剖了哪个呢？就是江绍断裂带的平水铜矿（图25）。

刚找到这个矿的时候，没有人认识这是什么类型的铜矿。直到徐克勤教授去考察的时候，他认出这就是黄铁矿型的矿。最后就是定了这个名字——平水铜矿。它在最早的矿床书上叫西裘铜矿，现在叫平水铜矿，因为它在平水镇。它基本上是受细碧角斑岩控制，很典型地沿着这样的一种层状分布。

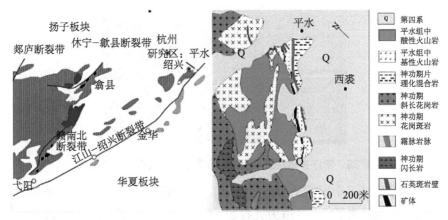

**图 25　浙江绍兴平水铜矿**

通过对这个铜矿体的研究，我们发现它符合流体的一种模式。是什么模式呢？我们在它的上部找到了很多矿，如铁碧玉、重晶石。在它现在快开采到的比较深的这个位置，我们找到了磁黄铁矿、磁铁矿，大概一两个中段。所以我们感觉它非常符合块状硫化物的形成方式。

第一轮危机矿山找矿的时候，平水铜矿打了不少钻，但是没有打到铜矿，所以大家对它下面有没有铜就产生了疑问。我们做了以后，以为按照这个模式，下面有铜矿，因为我们发现磁黄铁矿、磁铁矿、黄铜矿出现的位置接近于喷流中心。那么显然喷流中心所有的矿不可能都喷到这边去，而那边一点儿没有，这种可能性不大。所以我们觉得下面完全可能有铜矿，这是我们给矿山提的一个建议。

另外一个建议，就是它的伴生带有一些韧性剪切带。也有人认为铜矿就跟这个韧性剪切带有关，确实是有这种观点。实际上韧性剪切带在浅部是看着不太明显的，都是一些硫的矿体和铜的矿体。然后到深部，韧性剪切带相对来说就多了。我们就取了这个韧性剪切带，做了包裹体的研究（图 26）。我们发现，这里边有非常好的水和二氧化碳不混溶的组合。

所以 2010～2011 年，我们三次跟平水铜矿的相关人员讨论的时候，就提到这个剪切带的下面完全可能有金矿，因为它符合造山型金矿的流体特征。我们只能给他提这样的建议。

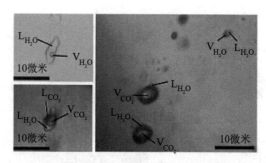

**图 26　浙江省绍兴县平水铜矿 6 号韧性剪切带包裹体研究**

这个矿是一个国营的矿山，如果再打不到铜和金，三五年就要闭坑。最后他们就筹集了大概 150 万元打了一钻。这一钻打了以后，效果就出来了，打到了一层铜矿和两层金矿。这两层金矿，一层厚度是 3.7 米，一层厚度是 6.5 米左右。它们的品位也还可以，一层是 4.75 克/吨，一层大概是 3.75 克/吨。总的来讲，流体的这个成矿模式对找矿绝对是有启示作用的。看到这个矿石，就会看到很好的剪切带，里边有很好的金矿。

## 四、成矿流体研究的新进展

### 1. 矿床形成时限

举两个例子。

第一个是直接测量的例子，就是巴布亚新几内亚的拉德姆金矿（图 27）。它现在已经生产了 1300 吨的金，是一个非常大的金矿。它是现在正在活动的热液，所以可以直接测量它的含量。基本上，它的热卤水里的含金量可以达到 $15 \times 10^{-9}$，这是很好的了。其深部的热卤水温度可以达到 250 摄氏度。这样算起来，它一年大概可以有 24 千克的黄金沉淀出来（图 27）。如果按照这样的一个速率，即按照含金热卤水提供的这样一个金的含量来算，只要 5 万 5000 年，它就可以再长出 1300 吨以上的金矿，是和现在同等大规模的金矿。从这个我们可以看到什么？矿床的形成完全可以在很短的时间内完成，不需要那么长时间。5 万年对于人类来讲是长的，但是对地质历史来讲，的确是比较短暂的。

第二个例子来自对古代包裹体的研究。Jamie J. Wilkinson 研究了美国阿肯色州和北爱尔兰的两个密西西比河谷型铅锌矿的矿床。他做了石

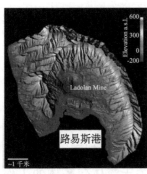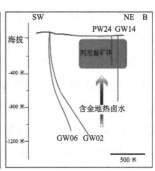

图 27 拉德姆金矿

英和闪锌矿里面的流体包裹体的铅的含量测定。他为什么要测铅含量呢？因为铅和锌有一个固定的比例，可以通过铅含量来算锌的含量。因为对闪锌矿，他不可能测锌，只能这样算。他这样一算，有非常大的一个发现。他发现，闪锌矿当中，在美国阿肯色州的密西西比河谷型铅锌矿的矿床，锌的含量可以达到 $3000 \times 10^{-6}$，非常高；北爱尔兰的密西西比河谷型铅锌矿的矿床，锌的含量可以达到更高的 $5000 \times 10^{-6}$，远远高于根据石英里的流体包裹体估测出来的锌的含量。

最早没有成分数据的时候，大家认为，密西西比河谷型铅锌矿是盆地卤水经过非常缓慢的过程形成的，它可能要 100 个百万年。当时这个含量是从哪来的呢？就是根据石英里边锌的含量估算的。如果用矿石里边闪锌矿的锌含量估算，显然更准确。照这样估算，这样的矿只需要 5 万年就可以形成。所以这极大地拓展了我们对矿床形成时限的认识。

### 2. 斑岩矿和岩浆之间的联系

斑岩矿是一种岩浆矿，即岩浆热液矿。但是斑岩铜矿和岩浆热液矿在 20 世纪 80 年代的时候一直存在争议。有的人认为铜来自岩体；也有很多人认为铜就来自地层，岩浆只不过起到热机的作用，是促使水对流循环的。但是现在越来越多的观点支持这种正岩浆的模式。

从国外学者做的工作来看，斑岩矿是富铜的。研究人员对阿根廷的一个斑岩铜金矿进行了研究（图 28），识别出一类包裹体。这类包裹体里是什么呢？图中灰色的部分都是熔体，三个小黑点是流体。也就是说，这种包裹体是非常典型的岩浆到热液过渡态的一种包裹体，即熔体加上流体的一种包裹体，这一部分是流体，两个大的，还有一个小一点儿的，一共三个比较大的。然后对这个做了什么呢？做了质子激发 X 射线分析（PIXE）测定，发现这个流体的部分富氯，因为它含盐。另外它还富铜，非常富铜。这就直接证实了由岩浆里可以分离出非常富铜的这样一种流体。这是一个非常直接的证据，岩浆确实可以直接演化出富铜的流体。这都是 2000 年之后的工作。

也有一个可以对金属矿床的成矿过程做到非常精细刻画的工作，是 Andreas 对澳大利亚的一个锡矿做的研究，是关于流体包裹体的工作

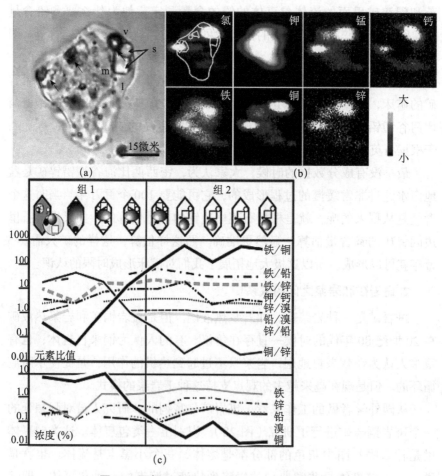

图 28 阿根延 Baji de la Alumbrera 斑岩铜金矿

（图 29）。他根据阴极发光，把石英的晶体分成了 29 个阶段，然后对每个阶段做了流体包裹体的工作，然后来解释金属矿床的成因 [ 图 29（a）]。

到底怎么成的呢？显然不是流体温度的降低，为什么呢？从阶段 13 到阶段 18 温度都是降低的，但金属含量基本上是恒定的，没有什么变化。那相分离呢？这个也不是，为什么呢？29 个阶段都是气相、液相共存，比例差别并不大，所以认定相分离是原因显然是不成立的。那么是不是流体混合呢？这是有可能的。在 20～23 阶段，锡的含量迅速降得非常低，所以就可以据这个精细地刻画流体的金属矿床形成的过程。

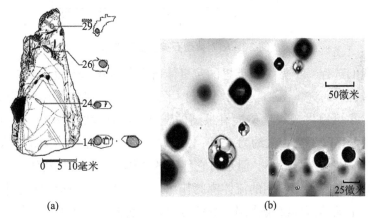

图 29　Andreas 对澳大利亚一个锡矿做的研究

### 3. 脉石矿物里的流体包裹体代表性的问题

最后再谈一个脉石矿物里的流体包裹体的代表性问题，这是我们自己做的一点儿工作。赣南的钨矿在崇-犹-余矿集区、于山矿集区和九连矿集区三个区，我们大概分别采了八个矿做研究。这是我的一个博士做的，后来他又在毛景文教授那里读了博士后。

我们做了这样的工作以后，发现结果和前人的认识不一样。前人的工作中，一个是利用包裹体，另外一个是利用稳定同位素。可以看出来，赣南矿既可以形成岩浆流体，也可以形成岩浆和大气水的混合体，远远超过了图 30 中岩浆水的范围，各种各样的机制都可以存在。简单冷却、流体混合、流体不混溶这三个机制都提出过，前人只是基于对石英里流体包裹体的研究。

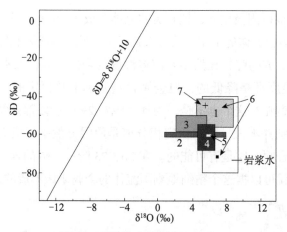

图 30　赣南典型石英脉型钨矿床

　　我们选择一个做了石英里的包裹体研究，另外一个做了黑钨矿里的流体包裹体研究（图31）。我们发现，图 31（b）中所有的黑色菱形点是黑钨矿，可以发现黑钨矿拥有最高的温度，比其他的都稍微高一点儿。它的温度区间不大，大约为 250～400 摄氏度。它的盐度区间也不大，大概为 3%～7%，非常小。但是对它伴生的流体——石英里边流体包裹体做的研究却揭示了两期的流体沸腾作用。图中灰色三角形和灰色菱形表示的是早期的流体沸腾作用，灰色方块和灰色圆点表示的是晚期的流体沸腾作用，两期的流体不混溶，非常典型。所以这也就促使我们对这个仅获得与脉石矿物里的流体包裹体的代表性要有新的认识。

## 五、我国成矿流体研究

　　最后主要从包裹体这个方面谈一下我国成矿流体的研究。就我国来讲，几乎对所有热液矿都开展过流体包裹体的研究，因为大家都意识到流体包裹体是建立热液矿床成矿模型的一个非常必要的工具，所以几乎都开展了研究，但是可能程度不一样。对岩浆矿床的研究则做得少。一方面，相对于热液矿床来讲，岩浆矿床的变化可能小一点儿，所以大家的关注就少一点儿。另一方面，因为对岩浆矿做熔体的包裹体研究的确也是非常费时、费力的事。

　　现在对于国内做流体包裹体研究和成矿流体研究，最主要的制约因

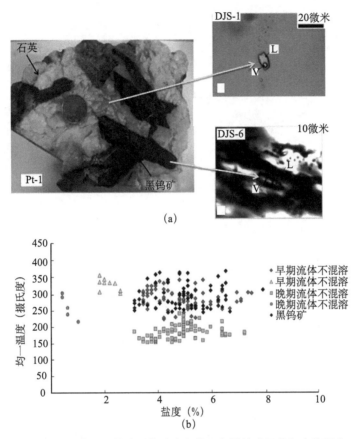

图31　赣南典型石英脉型钨矿床石英里和黑钨矿里的包裹体研究

素是什么呢？就是单个流体包裹体成矿元素的定量成分分析。单纯是定性的分析还没有用，要是定量的分析，也不能只是定量分析。为什么呢？近十年来发表在《自然》和《科学》上的文章，大部分都是单个流体包裹体研究的结果，所以国内现在开展这个研究非常必要。中国科学院地质与地球物理研究所和我们都买了这种单个流体包裹体定量分析的设备，我们准备一门心思把这个方法开发出来。这个方法如果不开发出来，会严重制约国内矿床学的研究。

# 全球气候变化下的水文水资源
# 预测与适应对策

杨大文

清华大学教授，长江学者奖励计划特聘教授。主要研究方向包括水循环过程中的陆-气耦合、生态-水文耦合机理、分布式水文模型方法、水文预报与水资源评估等。共发表学术论文150余篇，其中SCI检索论文70余篇。

*Yang Dawen*

杨大文

## 一、全球变化下中国面临的水问题

大家都知道，人类在 21 世纪面临着前所未有的水危机。危机的根源在于人口的急剧增加。人口增加不只对粮食提出了更高的要求，同时导致能源的消耗大大增加，使自然在很多方面都超过了它的承受极限，导致了气候变化、环境污染，进一步加剧了水资源的时空变异性，最终导致水危机（图 1）。这是我们的共识。

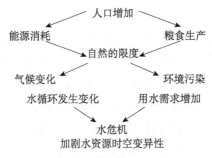

**图 1 人口增加的影响**

从全球来看，在 2000 年全球人口是 60 亿的时候，全球缺水的人口是 5 亿。预计 2050 年全球人口将增长到 89 亿，这时候全球的缺水人口将达到 40 亿（图 2）。

这里可以看到，人口增加是导致水资源紧缺的主要因素。人口增加还要进一步加剧资源分配的不公，使资源的分配更加流向经济发达地区，使贫困人口的资源更加匮乏，水资源面临着更多问题。

人口需要粮食，粮食需要水资源。现在不但人口增加导致对水资源的需求增加，生活水平的提高、消费结构的改变也会造成对水资源的需求大大增加。

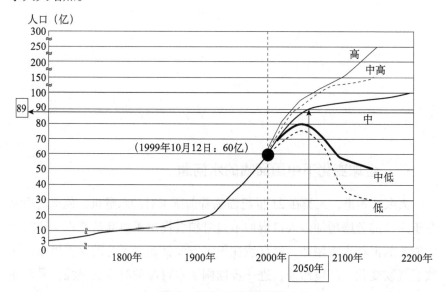

**图 2 全球人口缺水预测**

20 世纪 90 年代，美国学者布朗提出了"谁养活中国人"的疑问。他对中国的粮食问题感到担忧，不仅是因为耕地的流失，更重要的是由于没有足够的水资源。现在我们面临着比较严峻的问题。

所以，实际上近年来，中国大大地增加了对世界粮食的需求和进口。根据联合国粮食及农业组织（Food and Agriculture Organization of the United Nations，FAO）的统计资料，2000 年全球的谷物粮食贸易中，折算成生产粮食需要的水资源，也就是虚拟水，最大的流向是北美洲向亚洲。北美洲向亚洲流的时候，最大的流向是中国，中国在 2001 年成为了全球最大的虚拟水进口国。

2014 年《人民网》报道，2013 年中国粮、棉、油、糖四大产品的净进口量相当于 8 亿亩耕地播种面积的产出量，比 2000 年增加了 5 倍。我国的耕地面积是 18 亿亩，这个播种面积等于复种指数了，占的比例非常高。

2012 年在《美国科学院院刊》上还有一篇文章，说 2001 年中国是世界上最大的虚拟水进口国，中国进口的水资源，光粮食进口里包含的水资源就相当于 710 亿方。这个量相当于黄河和海河的年际流量，这是非常大的。事实上，我国对境外水资源的依赖程度正在逐年增加。

再看看我国水资源的时空分布。我国的人口格局、耕地格局和城镇的格局为，大多分布在我国的干旱缺水地区，近一半的人口、一半的耕地、40%的城镇都在缺水地区。而在这些缺水地区，尤其是海河流域、黄河流域、松花江的部分支流流域，在近二三十年，实测的径流还在下降（图3）。

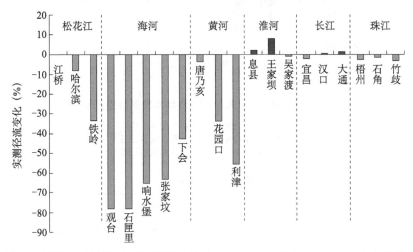

**图3　主要江河控制站实测年径流变化（1980～2010年与1951～1979年比较）**

降雨下降的比例从2.4%上升到10%，径流的比例从20%下降到8%，这是2008年系列到2010年系列跟之前对比。近10年，刚才提到的这些区域的变化还在进一步加剧。同时在近10年，长江流域以及南方的一些流域的径流也在增加。所以我们看到，中国的人口和耕地以及水资源的不匹配格局在进一步加剧（图4）。

所以，我国在2012年提出了水资源管理的三条红线。三条红线非常严格地在强蓄水的模式下，将需水年均增长率控制在0.5%以内，基本保障经济社会发展，要把我们水资源的总量控制在约7000亿立方米。我们要把用水的效率提高到国际的先进水平（表1），把污水控制到一个非常低的水平，使所有的水功能区能够达到规划标准。这个标准是非常严格的。所以在水资源管理方面，在考虑未来变化的情况下，无论未来变还是不变，对我们的格局影响还是不影响，水资源的短缺是一个常态。我们需要有"三条红线"和需水的严格管理。

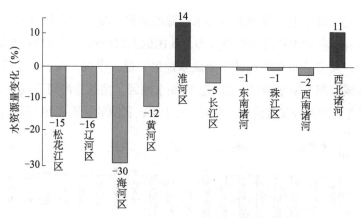

图4　近10年与1956～2000年水资源总量比较

人口：全国45%的人口分布在缺水地区
耕地：全国47%的耕地分布在缺水地区
城市：全国40%的城镇分布在缺水地区

表1　用水效率表

| 主要指标 | 指标值 | | | | | 世界先进水平 |
|---|---|---|---|---|---|---|
| | 2000年 | 2004年 | 2010年 | 2020年 | 2030年 | |
| 工业用水重复利用率（%） | 55 | 60 | 70 | 76 | 80 | 85～90 |
| 灌溉水利用系数 | 0.43 | 0.45 | 0.5 | 0.55 | 0.58 | 0.6～0.65 |

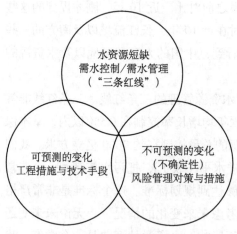

图5　应对未来变化的对策和措施

除此之外，未来的变化是什么？我们能够预测的变化可以怎么应对？未来的变化中还有很多不可预测的，具有不确定性的，我们怎么应对？

我们提出的可预测的变化有工程措施、技术手段；不可预测的变化，需要具有风险管理的对策和措施（图5）。

## 二、全球变化下水文学面临的挑战

水文学是为水资源管理提供科学基础的。在全球气候变化和大规模人类活动影响下，水循环及水文通量，如我们所观测到的径流量、蒸发量、降雨量，其变化是跟水循环密切相关的，这些变化导致洪水、干旱、河流断流、水体污染等问题（图6）。

**图6　水循环及水文通量的变化**

那么，如何来理解和预测全球水循环的变化及其对水文资源的时空格局的影响呢？这是一个关键问题。

水文水资源面临的基础科学问题主要有两个方面。在现有的水文水资源理论和框架下，我们怎么去认识过去的变化和预测未来的变化呢？

如果现有的理论是完备的，那么我们对过去的变化的认识就没有问题，对未来的预测是可信的。但实际上，我们对过去的认识是不清楚的，对未来的预测也是带有疑问的。

从管理角度来讲，人类适应过去的变化的经验教训是什么？我们需要在现在的理论框架下研究。这其中，更多的是我们如何去发展水文水资源的新理论和创新我们的理论。现有的理论有什么缺陷呢？可能的创新是什么呢？怎么在不同的尺度上来提高我们的预测能力，从而提出应对措施呢？

　　这里面有几个迫切需要解决的关键科学问题。第一个就是全球的水循环的基本特征与变化规律是什么。

　　实际上，在水的观测上，我们在很多方面还很不完备。人们在全球启动了水分能量循环观测，最近也更新了2009年、2006年的观测结果，给出了全球的能量平衡、全球的水量平衡（图7）。实际上，要非常完整地给出全球水分的能量循环及其平衡的基本特征，目前的研究是远远不够的。

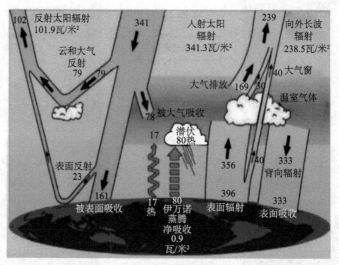

(a) 全球能量循环

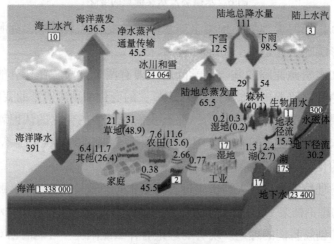

(b) 全球水量循环

**图7　全球能量和水量循环**

比如，观测的站点中，遥感反映的精度不够。我们是把水分和能量分割开来认识的，而对它们之间的耦合关系的认识是不足的。对于空间和时间的格局以及它们之间的联系我们是不知道的。

第二个关键的科学问题就是，在机理认识还不清楚的基础上，我们的模型是有问题的。如何建立新一代的全球水文模型，提高对全球水循环及相关的除水循环外的物质循环的过程的模拟能力？

现有的全球陆面模型包含了水分能量、物质循环（图 8）。但是它对水力学的过程和水动力学的过程模拟是非常简单的，对水文通量的模拟能力很差。同时，对人类活动的影响，特别是人类对水土资源开发活动的影响，描述是非常有限的。在全球层次上，水文模式模拟的径流的偏差和实测的比较是非常大的。

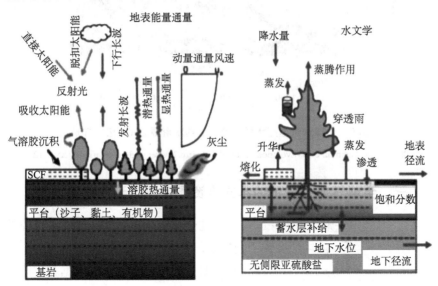

**图 8　水分能量及物质循环**

在水资源管理方面，全球水资源变化对中国有什么影响呢？如何在全球尺度优化我国的水资源配置呢？这是一个新的问题。我国通常只关心本国或者地区的问题，在对全球水资源的评价以及对未来变化的预测方面，我们是落后于西方国家的。我国水资源配置多以区域和国家为对象，缺少在全球尺度考虑中国的可持续利用的对策研究。

比如，最近的研究证明，通过粮食贸易可以在全球提高水资源的利用效率。通过全球的虚拟水贸易，全球每年可以节省 2000 亿立方米水资源（图 9）。全球贸易可以解决中国的水资源问题吗？能够承担多大的作用呢？我们能多大程度上依赖这样的全球贸易呢？

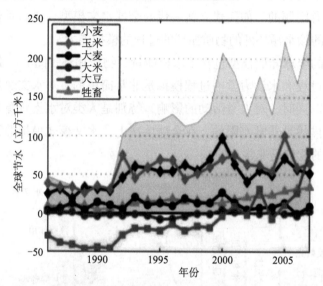

图 9　全球通过虚拟水贸易每年节约水资源 2000 亿立方米

图片来源：Dalin C, et al, Evolution of the global virtual water trade network. PNAS,2012.

## 三、全球气候变化下的水文水资源预测与适应对策研究

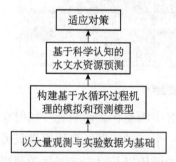

图 10　水文水资源的研究策略

在全球变化下，关于水文水资源的预测及适应对策，我们提出这样一个研究策略：必须要有大量的数据和实验数据作为基础，在实验和机理研究的基础上建立基于水循环过程机理的预测和模拟模型，基于科学认知的水文水资源的预测，提出适应对策（图 10）。

实际上，最后做适应对策的时候是少数，位于金字塔的顶部，而大量的科技和基础研究是在金字塔的底部（图 11）。默默无闻的基础研究是水文水资源研究很大的一部分，处于金字

塔的底部。但是，作为一个完整的研究体系来讲，除了有基础研究，最后还要提出管理的适应对策。

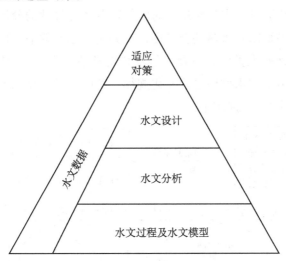

**图 11　水文水资源的适应对策**

所以，未来在全球变化下的水文水资源的预测和适应对策研究，我们要有更明确的科学目标：就更清晰的全球陆地水循环时空演变特征及其驱动机制，要建立考虑人类活动影响、多过程耦合的全球分布式水文模型，以此达到更准确的全球尺度的水文水资源的模拟与预估。

要解决国家的需求，我们应当预测未来50年全球及中国水资源的变化，从全球的视角来评估我国的水资源安全形势，提出适应对策。

基于这些目标，未来全球水文水资源变化与我国适应对策研究的主要内容应该包括以下三个主要方面：①机理规律和机理的研究，主要是全球陆地水文过程变化规律及其影响机制；②全球水文模型的研究，要建立考虑人类活动影响、水分能量、生态水文、水循环与物质循环等过程耦合的全球尺度的分布式水文模型；③影响与对策，分析全球变化对水文水资源情势的影响以及我国适应全球变化的对策。

我们研究的一些主要想法是这样的（图12）。在机理和规律研究方面，要依靠长期的、传统的气象水文观测，同时要用到新的卫星遥感观测，以及全球的实验观测、未来气候模式的回报和预测，发展多元信息的融合技术，通过反演和同化来提出一套全球更加完备的气候强迫资料、水热通量资料、水分储量的数据，同时要搜集全球的水土资源开发的数据集。在不同的时间尺度（时间序列分析）和空间尺度（空间格局分析）上，开展水热通量、水分储量的时空特征及其变异性的分析。通过能量平衡、水量平衡以及水热耦合平衡，来分析水循环的平衡特征及其变异性，同时要诊断人类活动以及气候变化对这些水平衡、水循环的影响。目标是要揭示全球水循环过程变化规律，阐明气候变化和人类活动对陆地水文通量的影响机制和程度。

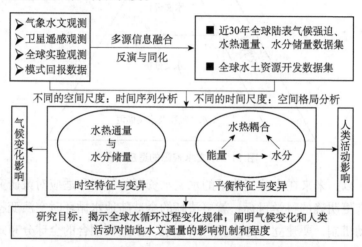

**图 12 未来全球水文水资源变化与我国适应对策研究**

我们的全球分布式水文模型的构建思路（图 13）是，我们已经有了全球/流域分布式水文模型，也有了全球/区域陆面过程模型。这些模型给我们提供了很好的基础，特别是我们将在流域尺度取得的一些详尽模型的优势。我们要改进和开发出基于水动力学的产汇流过程，考虑人类活动的参数化方案，同时要对水分能量、生态水文、水与物质循环这些过程进行耦合，使之耦合到一个地球系统模式里，通过集成和研发的方式建立一个全球尺度的陆面过程和水文过程耦合的模型。这个模型里包括陆面过程和水文过程的相互作用，同时也受到人类活动，特别是人类在水资源和土地资源开发活动的影响。这个模型具有什么特点呢？一定要具有对与大气模式的耦合能力，所以我们要开展陆气耦合的实验，同时要在多尺度对模型进行率定和验证。目标是要研制出考虑人类活动影响、水分能量、生态水文、水与物质循环等过程耦合的全球分布式水文模型。

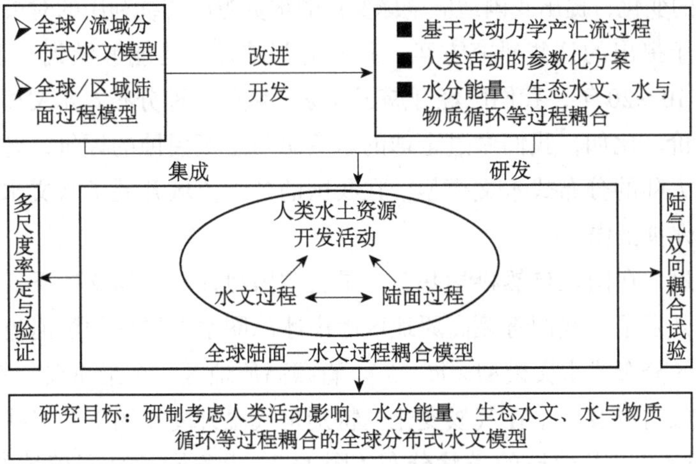

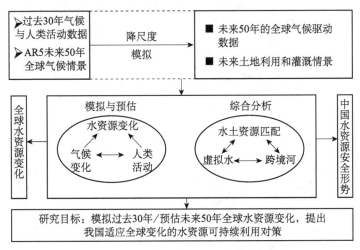

**图13　全球分布式水文模型的构建思路**

　　还有就是水资源变化与我国的适应对策研究（图14）。在过去和未来的变化情景下，我们通过降尺度和水文模型的模拟来预估未来在气候和人类及不同的驱动机制下水资源的变化，分析水土资源的匹配，还要考虑到全球虚拟水的流向、粮食生产对虚拟水的影响、我国跨境河流对虚拟水的影响。从全球来讲，要评价全球水资源的变化；从中国的角度来讲，要评

**图14　水资源变化与我国的适应对策研究**

价中国的水资源安全形势。目标是要模拟过去 30 年 / 预估未来 50 年全球水资源的变化，提出我国适应全球变化的水资源可持续利用的对策。

对于提出的这些研究方案，我们的基础是不是能够做到？事实上，在过去 10～20 年，我们已经开展了全球区域的各种分布式水文模拟及水资源评价。比如，我们做过全球的水资源与土壤侵蚀的评价，开发了整个亚洲大陆的分布式水文模型，在我国的各大流域开展了水文水资源的模拟及评价工作。

最近，在国家自然科学基金委员会"黑河计划"的支持下，我们也进一步开发了在我国青藏高原地区考虑冰冻圈水文过程的黑河流域为典型的新的分布式水文模型（图 15）。青藏高原地区一个最重要的特点是，冰川和融雪以及冻土在气候变化，特别是气温升高作用下，对我国水资源的影响，以及植被的条状分布（图 16）、沿不同的高层植被的分布。最后，除了径流的时空分布（图 17）以外，我们还要给出不同的水量平衡的基本特征（图 18）以及水资源的影响，特别是青藏高原结合冰川融雪的水资源到什么时候会消耗完。

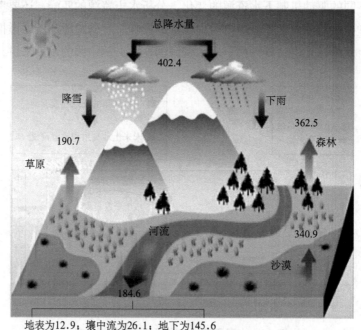

地表为12.9；壤中流为26.1；地下为145.6

**图 15　黑河流域分布式模型**

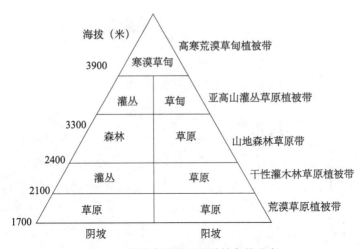

**图16　青藏高原地区植被的条状分布**

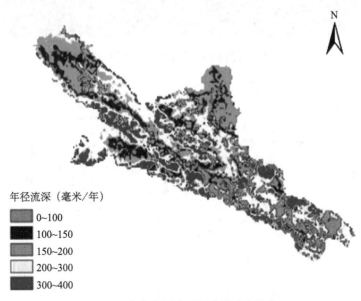

**图17　青藏高原地区径流的时空分布**

　　我们还在分布式模拟基础上把水、沙、污染物进行了耦合，开发了水、沙、污染物的流域分布式水文模型（图19）。在新安江流域和黄山地区，我们分析了新安江上游水资源的来源以及它的各种营养物质和污染源的来源，为水资源的管理提供了非常好的基础。不仅要有水量，对水质的预测和模拟能力也要大大提高。

**图 18　青藏高原不同水量平衡的基本特征**

| 山坡单元 | 河网单元 |
| --- | --- |
| 降水截留<br>下渗<br>蒸散发<br>坡面汇流<br>地下出流 | 河道汇流<br>水库调节<br>取用水 |
| 土壤侵蚀 | 泥沙演进 |
| 坡面氮、磷循环 | 氮、磷输移转化 |

**图 19　分布式流域水 – 沙 – 污染物耦合模型（GBNP）**

同时我们和美国能源部西北太平洋国家实验室合作，把国际现在最通用、流行的陆面模型，与我们开发的流域分布式水文模型进行耦合，开发了全球的生态水文耦合的分布式水文模型（图 20）。这个模型已经开发完成，正在测试和调试中。

另外，我们也开展了一些陆气耦合的洪水预报和水资源的预测的研

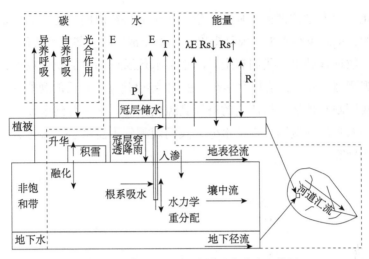

**图20　生态水文过程耦合的分布式水文模型**

究。例如，我们在三峡水库开展了 WRF 模型与分布式水文模型的耦合，对入库洪水利用这个 WRF 模型对未来 1～3 天的降雨进行预报，从而提高了洪水的预见期（图21）。并且我们发现洪水预报的精度还具有非常好的利用价值。

　　对于在气候变化下中国的水文响应，我们重点分析了气候变化下，尤其是气温升高和降雨的变化，对我国蒸发水资源消耗的很大一部分影响，揭示了太阳辐射、降雨、气温对湿地蒸发的影响。21 世纪初我们一系列的文章都在讨论这些问题（图22）。

　　同时，针对我国从黄河、海河、淮河一直到东北这些近 30 年径流减少最显著的地区，水资源变化（即径流量变化）到底是什么原因造成的呢？是降水和气温升高，还是下垫面变化？对这个研究，我们做了非常详尽的分析，在上游山区没有水库和灌溉影响的情况下，主要分析了这些流域潜在蒸发影响、降水的影响、下垫面变化、少数地区的不可避免的降水影响（图23）。

　　通过这个分析，我们发现我们对气候变化和下垫面变化以及径流影响的认识有了新的变化。在我国的海河、黄河、北方流域，这个影响是非常显著的。尤其是黄河流域，也就是黄土高原地区，最近 10～20 年似乎一夜之间径流没有了，降雨没有再发生变化。主要的原因就是下垫面的变化，即大量的植树造林、大量的水土保持造成的。这个认识是非常明确的，最近也给未来做模型提出了很多非常好的一些机理的认识。

在数据基础上，我们有全球的很多水热通量的地面观测数据，有全球的观测网。同时，清华大学在过去10年也建立了自己的观测网，特别是在我国缺水地区，从西北的塔河到疏勒河、黄河一直到东北辽河都建立了一系列的观测网。除了水分，我们观测到了能量、二氧化碳以及农业的产量等。

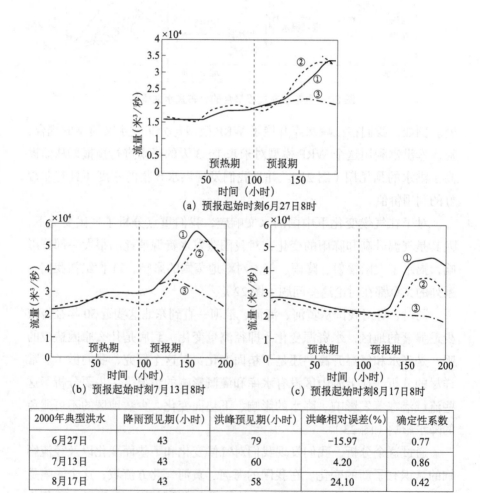

（a）预报起始时刻6月27日8时

（b）预报起始时刻7月13日8时　　（c）预报起始时刻8月17日8时

| 2000年典型洪水 | 降雨预见期(小时) | 洪峰预见期(小时) | 洪峰相对误差(%) | 确定性系数 |
| --- | --- | --- | --- | --- |
| 6月27日 | 43 | 79 | -15.97 | 0.77 |
| 7月13日 | 43 | 60 | 4.20 | 0.86 |
| 8月17日 | 43 | 58 | 24.10 | 0.42 |

**图21　三峡库区陆气耦合的洪水预报和水资源的预测**
①有降雨预报；②实测值；③无降雨预报

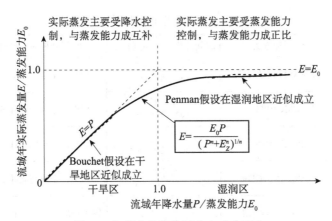

**图22　气候变化下流域水文响应研究**

$E$：年实际蒸散发量；$E_0$：年潜在蒸散发量；
$P$：年降水量；$n$：反映流域下垫面状况的参数

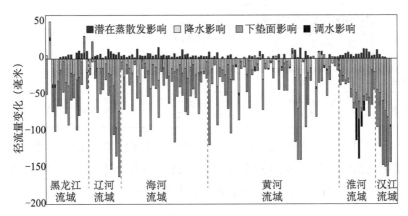

**图23　近30年径流减小最显著地区水资源变化影响分析**

　　全球的数据里，降水、径流数据（表2）以及卫星观测的遥感反演的数据（表3）都是公开的、可以下载的，给我们提供了非常好的基础。

**表2　全球降水、径流观测数据**

| 变量 | 数据源和方法 | 时间分辨率和序列长度 | 空间分辨率和数据范围 |
| --- | --- | --- | --- |
| 降水 | GPCC（地面观测） | 逐月 1901～2010 年 | 全球 0.5° |
| | GPCP（地面和卫星观测） | 逐月 1979～2013 年 | 全球 2.5° |
| | CRU（地面观测） | 逐月 1900～2013 年 | 全球 1° |
| 径流 | 全球主要河流的观测流量 | 月平均 1970 年至今连续性差 | 全球主要流域 |

表3 全球水热通量的卫星观测/反演数据

| 变量 | 来源和方法 | 时间分辨率和序列长度 | 空间分辨率和覆盖范围 |
|---|---|---|---|
| 降水 | TRMM 降雨数据集 | 约7小时<br>1998年至今 | 0.25°，全球南北纬50°之间 |
| | CMORPH | 3小时<br>1998年至今 | 0.25°，全球南北纬60°之间 |
| | PERSIANN | 3小时<br>2000~2013年 | 0.25°，全球南北纬60°之间 |
| | PERSIANN-CDR | 日平均<br>1983~2013年 | 0.25°，全球南北纬60°之间 |
| | PERSIANN-CCS | 3小时<br>2004年至今 | 约4千米，全球南北纬60°之间 |
| 蒸散发 | 全球三源蒸散发数据集，卫星数据和再分析数据驱动的模拟值 | 逐月<br>1982~2013年 | 8千米，全球植被覆盖地区 |
| | MODIS 全球蒸散发数据集，卫星数据和再分析数据驱动的模拟值 | 8天平均<br>2000~2013年 | 1千米，全球植被覆盖地区 |
| 地表储水量变化 | GRACE 总储水量变化 | 月平均<br>2003年1月至今 | 1°，全球 |
| 土壤水 | TRMM 土壤水数据集 | 日平均<br>1998年至今 | 0.25°，全球南北纬50°之间 |

最后用一句话来结束我的发言：中国应该关注和把握全球水文水资源变化的趋势，因为我国的水资源安全必须要有全球视野，因此中国急需构建全球尺度的国家水资源安全决策支持平台。

# 后 记

"科学与中国"院士专家巡讲活动由中国科学院、中共中央宣传部、教育部、科学技术部、中国工程院和中国科学技术协会六部委共同举办，旨在弘扬科学精神、普及科学知识、倡导科学方法、传播科学思想。自2002年启动以来，配合国家重大发展战略，围绕地方实际需求，先后在全国各地组织巡讲报告会1000余场。

目前，"科学与中国"院士专家巡讲活动已经成为全社会关注的科技文化传播领域的知名品牌。"科学与中国"院士专家巡讲活动影响力日益扩大，社会各界对科技的需求也日益增加，但巡讲活动只能使部分听众受益，为了扩大其受益面，经巡讲团组委会研究，《科学与中国：院士专家巡讲团报告集》将陆续与公众见面，让更多的人从中受益。

本报告集的内容或根据巡讲活动现场录音整理，或由报告人本人整理成文。个别报告曾经在其他场合讲过，或曾经在其他刊物发表过，为了保持报告的完整性并加以更广泛的科普宣传，仍将其收入本报告集，望有关部门给予理解。为统一报告集的体例与风格，部分报告所附参考文献不再列出，敬请有关作者和读者谅解。

本报告集的编辑出版，得到各位院士和专家以及科学出版社的鼎力支持，诸位报告人和本书编辑付出了艰辛的努力，在此特别表示深深的敬意。

《科学与中国：院士专家巡讲团报告集》编委会

2014年4月